Seals and Sea Lions

BY

Hiroya MINAKUCHI

University of
Tokyo Press

セイウチ：鰭脚類（亜目）は、アシカ科、アザラシ科とセイウチ科（1 属 1 種）で構成される
ワモンアザラシ：海氷に爪を使ってあけた穴から氷上と海中を行き来する

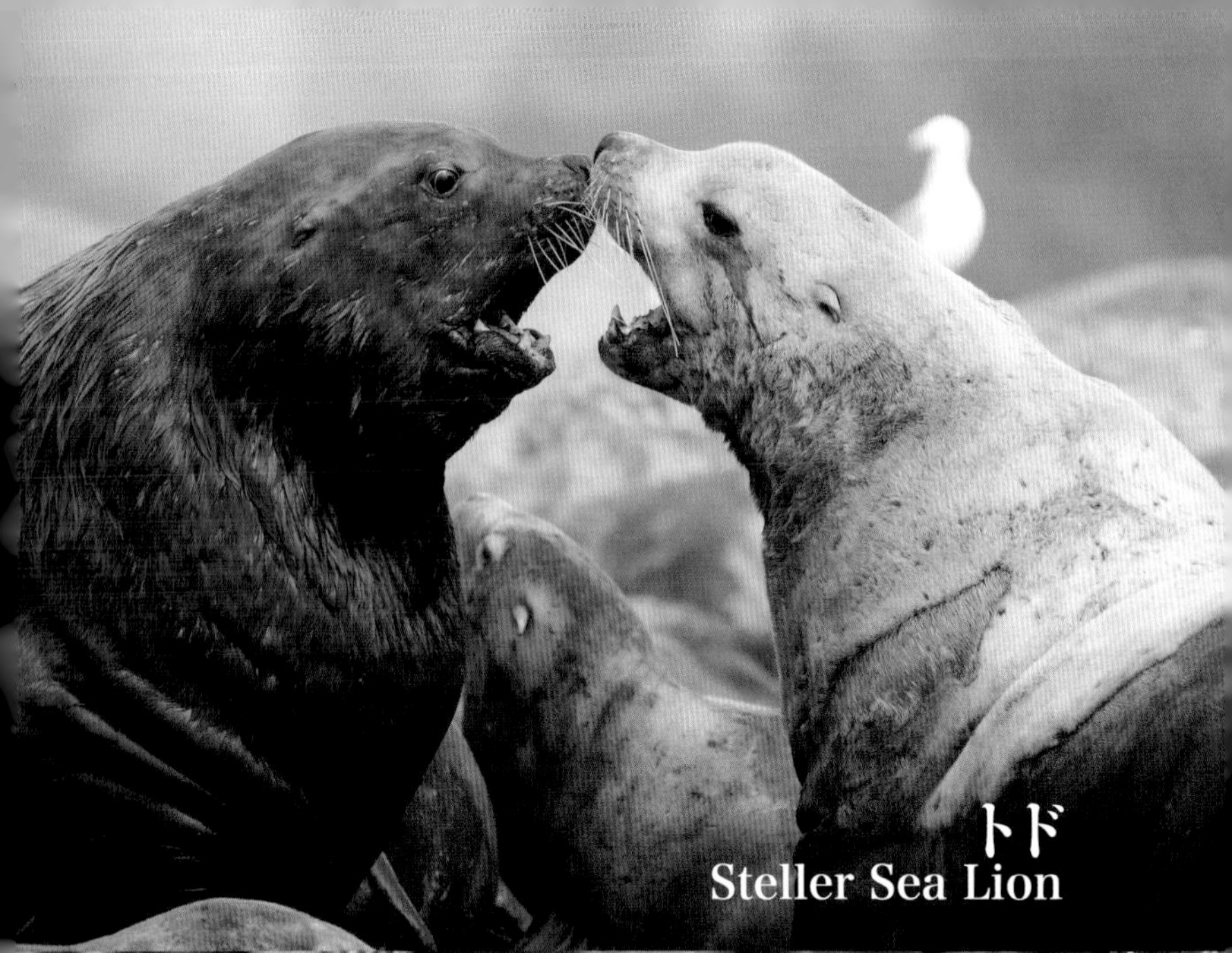

トド
Steller Sea Lion

カリフォルニアアシカ
California Sea Lion

トド：雄は体重 1 トンに達し、アシカ科のなかではもっとも大きい
カリフォルニアアシカ：アメリカ太平洋岸とメキシコ、カリフォルニア半島沿岸に広く分布する

NORTH PACIFIC

キタオットセイ：ベーリング海やオホーツク海に分布するが、冬期に北日本近海に来遊するものもある
ゼニガタアザラシ：北太平洋、北大西洋のとくに沿岸域に分布、日本で繁殖する唯一の鰭脚類である

ガラパゴスアシカ：以前はカリフォルニアアシカの亜種として扱われたが、現在は別種に分類されている
ガラパゴスオットセイ：ガラパゴスアシカと同所的に共存するが、休息時にはより日陰ですごすことが多い

GALAPAGOS IS.

オーストラリアアシカ：15〜18か月に1頭の子を出産するという、鰭脚類でもめずらしい生態をもつ
ニュージーランドオットセイ：南米に分布するミナミアメリカオットセイと同種であるとする説もある

OCEANIA

オタリア：頭部が太く大きく、成熟した雄では豊かなたてがみが他種のアシカ以上にめだつ
ミナミゾウアザラシ：成熟した雄は体長 5.8 メートル、体重 4 トンに達し、鰭脚類のなかで最大

SOUTH AMERICA

ナンキョクオットセイ：一時期は 400 万頭といわれた個体数の 95%がサウスジョージアで繁殖する
〃　白化型：サウスジョージアでは 800 頭に 1 頭の割合で、白化型の子どもが生まれる

SOUTH GEORGIA

ウェッデルアザラシ：南極大陸をとりまく定着氷上を生息場所にして、もっとも南で繁殖するアザラシ
ヒョウアザラシ：ペンギンの捕食者としてよく知られるが、ナンキョクオキアミを食べることも多い

ANTARCTIC

世界アシカ・アザラシ観察記

Seals and Sea Lions

動物写真家が追う鰭《き》脚《きゃく》類《るい》の生態

水口博也

東京大学出版会

Seals and Sea Lions
Hiroya MINAKUCHI
University of Tokyo Press, 2023
ISBN978-4-13-063957-6

はじめに

アシカやアザラシは、どの水族館や動物園でも人気者だ。一見剽軽《ひょうきん》に見える姿や、愛らしい表情がなによりの魅力かもしれない。あるいは、たとえ演出されたショーであってもその端々に、飼育員さんの意図を見ぬいたかのように垣間見せる〝頭のよさ〟が、ぼくたちを魅了することもある。

ぼくは、地球上のそれなりに多くの海で、鯨類を含む海生哺乳類の生態を直接に観察し、記録してきたけれど、アシカ・アザラシの仲間もその例外ではなかった。同じ、あるいは近縁の分類群に属す動物たちを、異なる地域や環境のなかで観察する意味は、彼らが悠久の進化を通して共通して獲得してきた体や暮らしと、それぞれの地域、それぞれの環境にあわせて自分たちの体や暮らしをつくり変えてきたさまを、比較しながら理解できるところにある。

こうした経験をふまえて、この本では、世界中の海にすむアシカやアザラシたちの暮らしを、彼らがじっさいにすむ海に出かけて観察しながら紹介していきたいと思う。また「アシカ」と呼ばれる動物と、「アザラシ」と呼ばれる動物はなにが同じで、なにが違うのかも、彼らの暮らしぶりから描きだしてみたい。

クジラ、イルカを含む鯨類も、アシカ、アザラシを含む鰭脚類《ききゃくるい》も、ともに「海生哺乳類」としてまとめられる。しかし、両者の体つきはもちろん、暮らしぶりにも大きな違いがある。

クジラやイルカの仲間は、一生海中を泳ぎまわって暮らし、陸上にあがることがない。そのため、進化の早い時期に後肢は退化し、前肢はひれに形を変えた。そして大海原を泳ぎまわるために、尾の後端に力強く水を蹴ることができる尾びれを発達させた。さらにその祖先は、最近の研究ではカバに近い有蹄類だったことも明らかになってきた。

一方、アシカやアザラシの仲間は、海に生活場所を移したといっても、とくに繁殖期には陸上（多くは島であったり岩礁など）や極地の氷上ですごす。四肢は、海中を泳ぎまわるのに便利な〝ひれ〟に形を変えてはいるが、しっかりとした四肢をもっている。とくにアシカの仲間なら、地上を四肢で歩きまわり、急峻な崖を登ったり、相当な速さで走ったりすることもできる。その祖先は、現在のイタチなども生みだした肉食獣であったことがわかっている。

またクジラの祖先が、かつて陸上生活をした哺乳類の仲間から袂をわかって海に入りはじめたのが、五〇〇〇万〜五五〇〇万年前あたりの古地中海沿岸であったのに対して、アシカ、アザラシの祖先は、二八〇〇万年前までには、北米大陸のそれぞれ東西両岸から海に進出しはじめていたらしいと考えられている[1]。

＊

ぼくがクジラやイルカを観察するときに、いつも残念に思うのは、彼らが海面に姿を見せるのは呼吸をするときだけで、その時間は彼らが暮らすうちの数パーセントの時間にすぎないことである。ぼくたちが観察のためにクジラやイルカたちがすむ海にボートを浮かべたとしても、じっさいに彼らの姿を目にできるのは、費やす時間の数パーセントにすぎない。

一方、アシカやアザラシなら、繁殖期やそのあとの換毛期には（それぞれの個体は途中で餌とりに海に出かけることがあるとはいえ）数か月は陸上や氷上ですごすために、双眼鏡や望遠レンズを使用すれば、彼らの姿をじっくりと観察することができる。この本で紹介するアシカやアザラシの姿は、こうした繁殖期を中心に観察されたものである。幸い、子育てといった彼らの生態のなかでも興味深い一面はそのなかに含まれる。

一方、繁殖期を終えたアシカやアザラシたちは、餌を求めて海を広く回遊するものもある。そうした時期の生態観察はきわめて少なく、まだ謎に包まれた部分も多い。それでも、科学者たちはさまざまな新たな手法や道具を用いることで、これまでわからなかった生態を解き明かしはじめている。こうした科学者たちの努力のあとを紹介することも、この本のひとつの目的にしたい。

CONTENTS Ⅰ

◀続く

CONTENTS II

第1章　極北のアザラシたち

セントローレンス湾・初春

ヘリコプターのローターが風を切る音とエンジン音が耳を聾している。

眼下に広がるのは一面の氷原で、ところどころに稲妻のような亀裂が、白ひと色の世界に不規則な模様を描きだしている。ぼくは冬の終わりに、カナダ東海岸にあるセントローレンス湾の上をヘリコプターで飛行しているところだ（地図1－1）。

セントローレンス湾は、かつて北極海の冷たい海水が流れこみ、それに乗って北極海の動物たちが訪れていた。その後、地球が暖かい時代を迎えても、一部の動物たちはそこで生きつづけてきた。代表格はベルーガ（シロイルカ）で、本来北極海にすむこのクジラは、いまはほかの場所に生息する同種の仲間とい

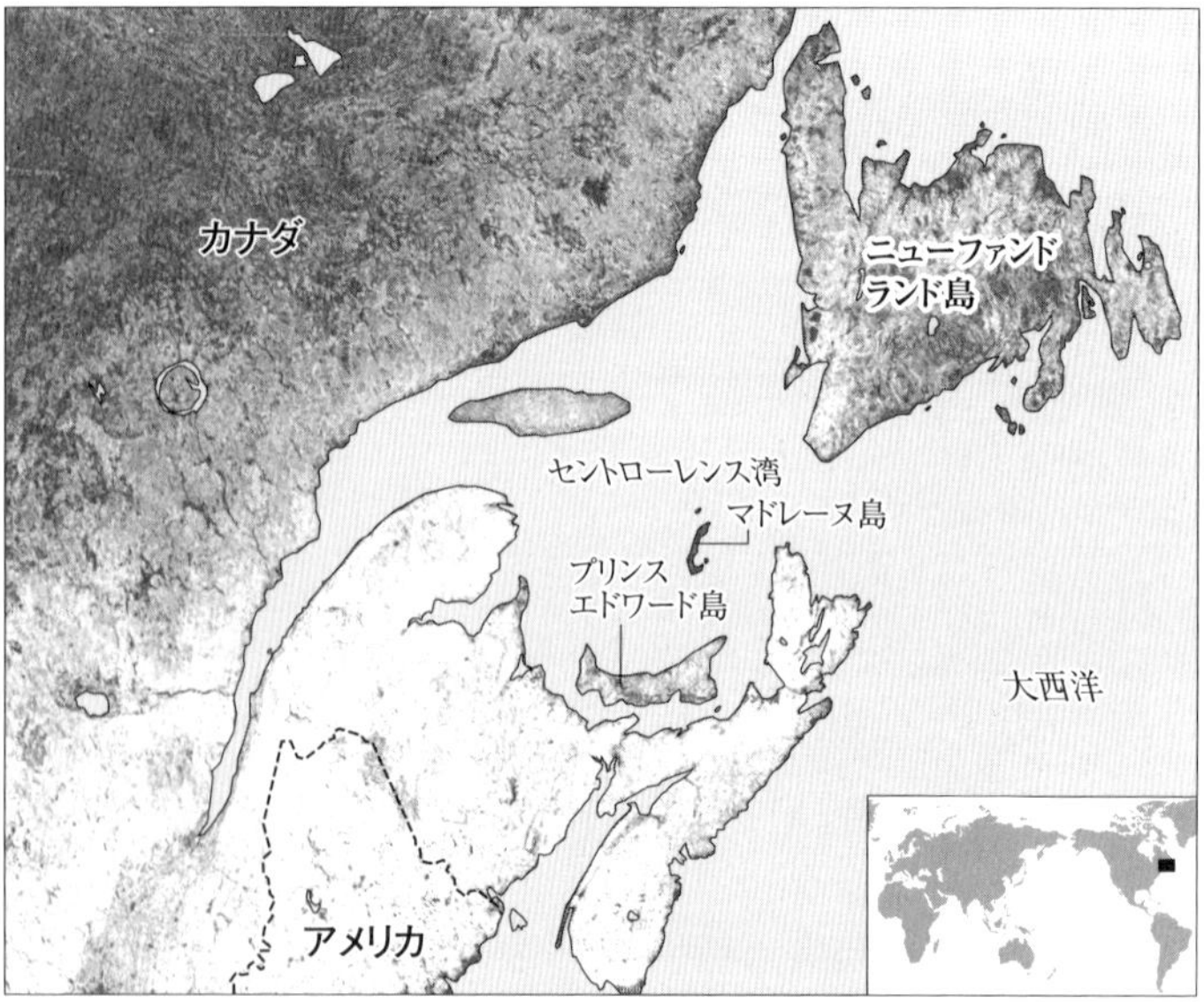

地図 1-1　カナダ東海岸のセントローレンス湾

っさい関わりあうことなく、セントローレンス湾で暮らしている。その意味で、セントローレンス湾は北極海の〝飛び地〟ともいえる海である。

この海は冬には凍結して、海は氷におおわれる。氷は春にはとけるけれど、まだ氷が残る三月初旬は、タテゴトアザラシが出産し子育てを行う舞台になる。ぼくはいま、セントローレンス湾でタテゴトアザラシが子育てをしている場所へ、ヘリコプターで向かっているところだ。眼下に見える氷はセントローレンス湾をおおっているもので、その割れ目から覗く暗い海面は、水深二〇〇〇メートルに達する深海までつながっている。

もう少し季節が進めば、氷はさらに割れ、その面積は縮小していく。タテゴトアザラシたちは、そうなるまでの短い期間で氷上での子育てを終える。タテゴトアザラシだけではない。ズキンアザラシという、同じように北極圏の氷上で子育てを行うアザラシもセントローレンス湾で繁殖する。

湾に浮かぶ島マドレーヌ島から飛び立ったヘリコプターは、氷におおいつくされた海上を飛行している。眼下には、海氷の厚いところと薄いところがつくりだす白と濃淡の灰色がモザイク模様となって後方に流れていく。そのなかで、氷が割れて海面が覗くところだけが黒く、ときに斑状に、ときに氷原に稲妻が走るようなリード（割れ目）となって不思議な模様を描きだしていた。

やがて、氷のリードがある近くに、黒褐色の小さな点が散在するのが上空から見えた。そのひとつひとつがタテゴトアザラシの雄たちである。近くで雌が子育てをしており、雄たちは雌が子育てを終えるのを待っているところだ。とすれば、ぼくたちの目的地もすぐ近くにあることになる（写真1-1）。

写真 1-1　氷上に集まるタテゴトアザラシの雄たち。雌たちが子育てをしている場所も近い

雄たちが氷のリードの近くにかたまっているのは、そこから海中へ餌とりに出かけやすいからだ。ヘリコプターから双眼鏡を使って見下ろせば、小さいながらアザラシの背の模様がはっきりと見える。その背には、馬蹄型あるいは竪琴型の暗色の模様が見える。この模様から「タテゴトアザラシ」の名が与えられた。英語でもHarp sealと呼ばれる。

まもなく雄たちの群れから少し離れて、同様のアザラシの影である褐色の点がまばらに見える場所に出た。子育て中の雌たちで、ふたたび双眼鏡で眺めると、それぞれの近くに、もっと小さく白い動物の影をかろうじて見てとることができる。アザラシの赤ちゃんである。

ヘリコプターは、アザラシたちを驚かすことがないよう、少し離れた場所に向けて降下をはじめた。とはいっても、氷はすべて海の上に張ったもので、着陸するためにはヘリコプターとぼくたちの重さを十分に支える厚みのある氷でなければならない。

一面の氷原を見わたしてみると、真っ白に見える場所もあれば、わずかに黒みをおびて見える場所もある。黒みをおびて見える場所は氷が薄く、その向こう側にある海の色を透けて見せているために、氷が厚くないことの証しである。ヘリコプターはそうした場所を避けつつ、しっかりとした厚さがあると思われる（明るい白に見える）氷上に着陸した。

ローターが止まり、エンジンが切られると、それまでの騒音が消えて静寂に包まれる。徐々に耳は、まわりに流れる風の音と、そこに混じって遠くから聞こえるアザラシたちの声をとらえはじめていた。明るい場所から暗い場所に飛びこんだとき、一瞬視界は闇に包まれながら、目が慣れるとともにまわりの風景がかすかながら浮かびあがってくる感覚に似ているといっていい。

ぼくはジャケットのジッパーを閉め、手袋を薄手のものから厚手のものに変えて、ヘリコプターから氷上に降り立った。ふいに吹きぬける風が、肌を刺して渡っていく。三月とはいえ、風が吹けば体感はマイナス二〇度にもなることがある。

幸いいま天気は晴れ、鋼青の空が広がっている。氷面に反射する紫外線が、強烈に網膜を刺激する。しっかりとサングラスをしておかなければ、雪目になってしまうだろう。

準備を整えて、アザラシの親子が多く遠望できるほうへ歩きはじめた。ヘリコプターが着陸している氷上なので、氷そのものはしっかりしているはずだが、どこに亀裂やアザラシがあけた穴があるかわからない。

とくに前夜に雪が降った朝なら、より注意を要する。というのは、積もった新雪がこうした亀裂や穴を隠しているからで、新雪だけならぼくたちの体重を支えることはできず、海中にまで足を踏みぬいてしまう危険があるからだ。

氷上の子育て

前方の氷上に、いくつかの暗色の影が見えるのが母アザラシである。さらに目を凝らせば、そのそばに白い毛皮に包まれた子どもが確認できる。ぼくは、もっとも近くにいる母子のアザラシに向かって歩きはじめた。

生まれて数日までの子アザラシの毛は、羊水に染まっていくぶん黄味がかって見えるために「イエローコート」と呼ばれる。まだ十分に成長していないために、体形もさほど丸丸せずに頼りなげに見える。まだ臍《へそ》の緒をつけているものもいる。

やがて赤ちゃんは、母親の腹部にある乳首を求めて吸いはじめた。赤ちゃんのほうから乳首を求めることもあれば、母親がうながすように自分の腹部を赤ちゃんに近づけることもある。それでも気づかないときには、母親は前肢でぽんぽんと軽く赤ちゃんの体に触れることもある。

アザラシの四肢は、海中での暮らしにあわせてひれ状の形に進化した。そのために、（このあと紹介するアシカの仲間を含めて）鰭脚類《ききゃくるい》と呼ばれる。それでも、前肢にしても後肢にしても、そのなかにしっかりと五本指を残しており、前肢ならその先端には鋭い爪を備えている。

あたりを見まわせば、何組もの母子の姿を見てとることができる。そのなかの何頭かの子は純白の毛に包まれ、丸丸と太って見える。生まれて数日もすれば、生まれたときの黄色い毛皮は純白に変わり「ホワイトコート」と呼ばれるようになる。このころの赤ちゃんアザラシは丸丸と太りはじめ、(ぼくたち人間から見ての話だが)もっともかわいい時期になる。

母親の乳首は、下腹部に一対(二つ)ある。赤ちゃんアザラシは、口をひとつの乳首につけてひとしきり、さらにはもうひとつの乳首にくわえなおしてひとしきりおっぱいをもらった。そのあとは、母子とも氷上でごろごろと寝ころんですごしはじめた。

こうして何組かの母子のふれあいのさまを観察しながら氷上の散策をつづけると、そばに母親の姿がなく、独り氷上ですごす赤ちゃんアザラシに出会った。近くには、氷のリードやアザラシが氷にあけた穴がある。母アザラシはおそらくはいまは海のなかだろう。

タテゴトアザラシの母親は子育て中も、子どもを氷上に残して海中ですごす時間が長い。本来、北極圏の氷上で子育てを行う彼らは、そうすることで、捕食者であるホッキョクグマから子が発見されにくくしているという説もある。ただし幸いなことに、ここセントローレンス湾にはホッキョクグマは生息しない。

一方、独り氷上に残された赤ちゃんは、静かに昼寝をしてすごすものもいれば、母親を呼ぶように、「ウゲー」と、けっしてかわいいとはいえない声を出しつづけるものもいる。

ときには独りで待つ間に雪が降ったのだろう、体の半分ほどを雪に埋もれたままの赤ちゃんもいる。

概してアザラシの母親は、出産したあと自分は餌をとることなく、栄養分の豊かな乳を与えつづけ、きわめて短期間に成長させ離乳させてから、子のもとを去るものが多い。そのあとの赤ちゃんは、乳をもらっている間にたっぷりと体に蓄えた脂肪で暮らしながら自分で海に入り、餌をとる術を身につけて独りだちをすることになる。

そのときに向けて、赤ちゃんアザラシたちはできるだけエネルギーを節約しなければならない。そのために、ほとんどの時間を動くことなく、さらに冷たい風を避けるために、雪の窪みや氷塊の陰ですごすことも多い。

アザラシの仲間で、より短期間で赤ちゃんが独りだちする極端な例は、ズキンアザラシだ（タテゴトアザラシと分布域が似ているために、このセントローレンス湾でズキンアザラシも繁殖している）。ズキンアザラシの乳はアザラシのなかでももっとも脂肪分が高く（七〇パーセントに達する）、それをきわめて高い頻度で子に与えることで、わずか四日間で離乳し、母は子のもとを去る。ちなみにおよそ二〇キロ強で生まれた子は、四日後に離乳するときにはほぼ倍の体重に成長しているほどだ[1]。

一方、タテゴトアザラシでは授乳は一二日間にわたり、ズキンアザラシにくらべれば長いとはいえ、それでもぼくたちの感覚からいえば十分に短いものだ[2]。

独りですごす赤ちゃんアザラシを怖がらせない距離を保ってしばらく眺めていると、やがて氷のリードや穴から親アザラシが顔を覗かせることがある。母親だろう。アザラシは前肢の鋭い爪をスパイクの

写真 1-2　しばらく離れていた母子が、匂いでたがいを確かめあう

ように氷にひっかけ、一気に氷上にあがると、赤ちゃんに近づいていく。

接近した母子は、たがいに声を交わしあう。さらに接近すると鼻先を近づけあって、自分の子であり母親であるかを声と匂いで確かめあう。この儀式が終われば、赤ちゃんは待ち遠しかったおっぱいがもらえるようになる（写真1-2）。

しかし、あたりには何頭もの赤ちゃんがいて、ときには接近しあった両者が母子でないこともある。そんなとき、親アザラシの対応は冷たい。無視したり、相手にしないだけではない。ときには赤ちゃんに噛みつき、くわえ、宙に放りなげたりもする。

こうして生まれて一二日間、母親からおっぱいをもらった赤ちゃんアザラシは、生まれたときに体重およそ一〇キロ強だった体を、三〇〜四〇キロの丸丸と肥えた姿に変える。そして、ほんとうに突然に、母親は赤ちゃんのもとを去る。

母親は、（先にヘリコプターから観察したように）近くで待機する雄と出会い、交尾を行い、次の繁殖期までは餌を求めて広い海を回遊してすごす生活をはじめる[3]。一方、赤ちゃんは、そのまま一か月ほど体に蓄えた脂肪を頼りに暮らしながら、かつ海に入ることができるしっかりとした銀灰色の地色に斑模様を散らす毛皮に換毛しながら、自分で餌をとる術を学んでいく。その間に、体重を半減させることになる。

ちなみに、北極や南極に多く生息するアザラシの仲間は、（もちろん種によって異なるけれど）さまざまな魚類やイカ、オキアミやアミなどの甲殻類などの餌生物を捕食するが[4][5]、最初からすばやく泳ぎまわる魚やイカが獲れるわけではない。北極や南極の海には、オキアミやアミ類が濃密に群れており、それらが比較的簡単に捕らえることができる餌として、まだ餌とりの技術が未熟な幼いアザラシたちの胃袋を満たしてくれるのかもしれない。

いまぼくが立つカナダ東海岸のセントローレンス湾の氷上は、タテゴトザラシの子育てを観察するために、長年にわたり多くの観光客が訪れてきた場所でもある。しかし、ぼくたちが観察できるのは、アザラシたちが氷上で子育てをしている、一年のなかでも数週間の期間にすぎない。あとは、ぼくたちの目が届かない大海原を泳ぎながらの暮らしがはじまるのである。

さらに近年は、気候変動（温暖化）にあわせてアザラシの子育ての季節に、セントローレンス湾に十分な氷が張らないこともしばしば起こりはじめている。いったん出産し、子育てをはじめたアザラシたちにとって、赤ちゃんが換毛して海に入ることができるようになるまでに海氷がなくなれば、致命的な影響をもたらすことはいうまでもない。

北極や南極にすむ動物たちにとって、温暖化とそれにともなう海氷の減少、あるいは海氷上ですごすことができる季節がより短くなることがもたらす、さまざまな影響が数多く報告されはじめている。この問題については、この本の各所でより深く考えていきたいと思う。

カナダ北極圏から

ぼくは氷上に立ち、目の前に帯のように広がる海面に目を走らせていた。
そのときぼくがいたのは、カナダ北極圏に浮かぶバフィン島、その北端に伸びるランカスター海峡をおおう海氷上である。タテゴトアザラシの観察をしたセントローレンス湾から三〇〇〇キロ以上も北にある。（地図1-2）
季節は五月下旬。冬の間ランカスター海峡を閉ざした海氷に、この時期リードができはじめると、それまで外海ですご

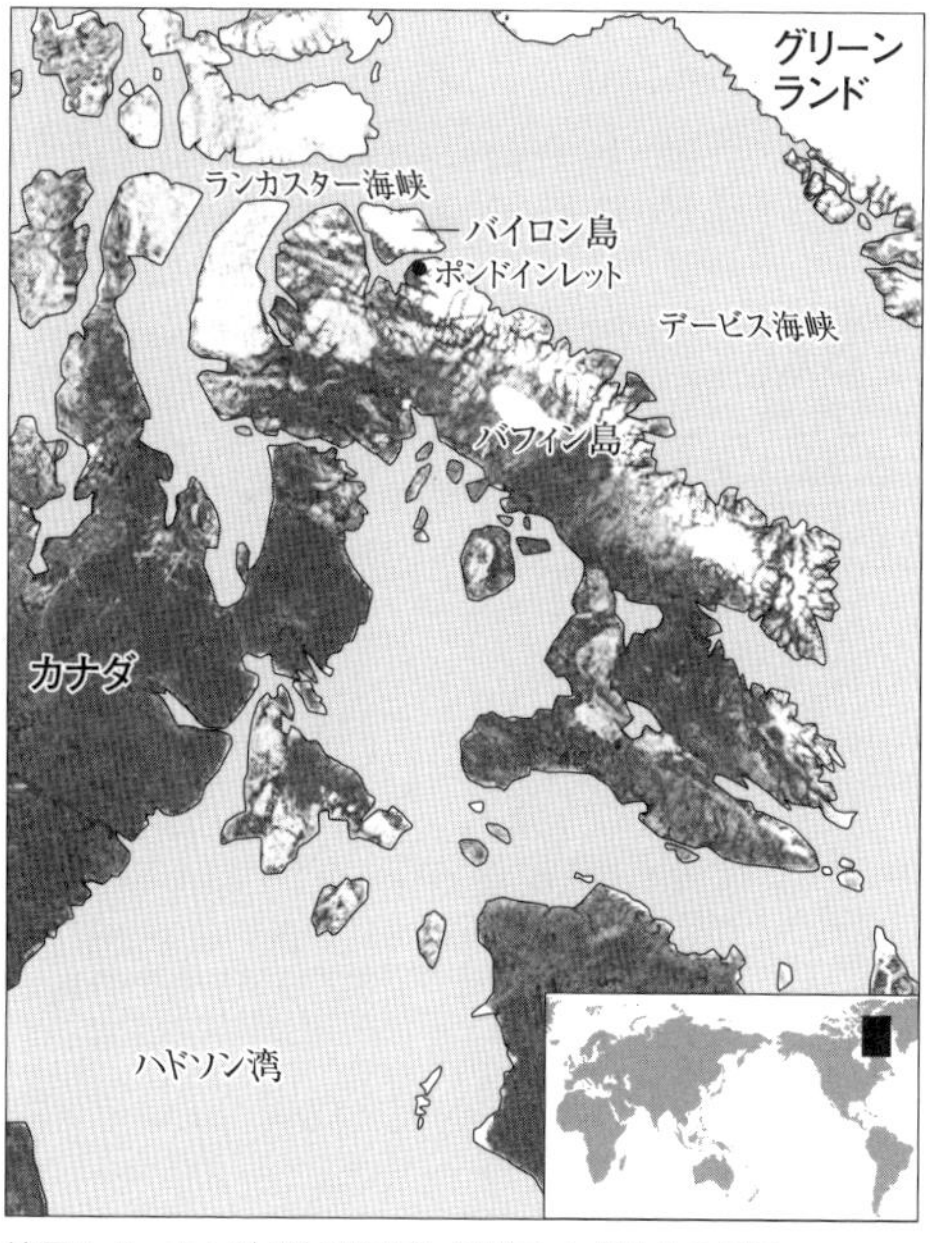

地図 1-2　カナダ北東部に浮かぶバフィン島とその周辺

したイッカクやベルーガやホッキョククジラといった鯨類が、リードをたどってランカスター海峡に入りこんでくる。こうした鯨類を観察するために、リードに面した氷縁部にキャンプを設営してすごしているところだ。

＊

ここにたどり着くまでが、一冒険だった。飛行機でたどり着いた北緯七四度のポンドインレットの町は、バフィン島の北部にある入江（インレット）に面して位置する。

近年は北極圏も温暖化が進行し、五月下旬にはそれまで町の前の海をおおった氷が割れたりとけたりして、そこここに海面が見える季節を迎える。ちなみに、ぼくがはじめて訪れた三五年前なら、氷が割れはじめるのはもう少しあとの季節で、五月にはまだびっしりと氷におおわれて、そこが海であるとは想像できない風景が広がっていたものだ。

本来なら海岸と呼べる場所に立てば、この季節には沈むことがない北極圏の太陽に照らされてまばゆく光を散らす氷原が目の前に広がり、その向こうに雪と氷をいただいた山やまを遠望する。対岸のバイロン島の山やまで、目路の限りにつづく氷原はすべて海水が凍ったものである。

ぼくは、イヌイットのガイドたちと合流し、これから出かけるための乗り物に案内してもらう。

氷原に止め置かれた乗り物は、長さ七～八メートルの木製の橇《そり》と、その上に乗せられたベニア板でつくられた箱で、そのなかにこれからの一週間分の食料やキャンプ用品がすでに積みこまれている。そして、空いたところに敷かれたマットと毛布の上にぼくが乗る。この橇全体を、ガイドが操縦するスノー

写真 1-3　海面をおおう氷の上を、スノーモービルに曳かれた橇で旅する

モービルで曳いていくという。さっそくこの乗り物で、取材地に向かう。

ポンドインレットの町を出発したぼくたちはまずは西へ、左手にバフィン島、右手にバイロン島を眺めながら、海をおおった氷上を進んでいく。スノーモービルに曳かれて、がたがたと小刻みに揺れながら滑っていく橇とベニヤ板製の箱は、はじめて目にしたときには「これで長距離の移動ができるものか」と訝ったけれど、柔らかいマットが敷かれた空間はなかなかの居心地で、以来この地への旅を繰りかえし行うようになったときには、乗るたびに懐かしささえ感じさせてくれたものだ（写真1−3）。

海は完全に氷におおわれているとはいえ、氷原にはいくつものリードや、アザラシが呼吸のためにあけた穴がある。多くはワモンアザラシが爪を使ってあけたものだ。海一面を氷がおおいつくすなかで、彼らはその穴を使って海に採餌に出かけ、あるいは呼吸のために浮上する。

こうした穴は、氷上にいるアザラシたちにとっては捕食者であるホッキョクグマから逃げるための、海中にいるアザラシたちには浮上して空気を呼吸するための命綱である。そのため、せっかくの穴が凍りつきそうになれば、せっせと氷を削りつづけなければならない。じっさいにぼくたちの移動中にも、氷上に何度もアザラシの姿を目にして、スノーモービルを止めて観察をしようとしたけれど、遠くからのぼくたちの視線に気づいたアザラシは、すぐに氷にあけた穴から海中に入ってしまった。

ガイドが操縦するスノーモービルは、少々の穴やリードなら平気で飛び越え、長い橇のほうは、幅二〜三メートルのリードならそこに橋を架ける格好で難なく進んでいくことができた。

それにしても、むきだしの箱に乗って凍てつく北極圏の氷上を滑っていくと、流れる空気は鉱物のような鋭さで肌を刺しつづける。見上げると、ほとんど水平に動く太陽の上に、鋼青の空が広がっている。もし自分のいる場所を知らなければ、ここがほんとうに海の上であると信じることはむずかしい。

出発当初は、バイロン島の南岸に沿って西へ進んだあとは、バイロン島をとりまくように北に進路を変える。こうしてさらに六〜七時間氷原を進みつづけると、右手に見えていたバイロン島と左手に見えていたバフィン島の山並みが途切れた。ようやくバフィン島の北側を東西に伸びるランカスター海峡に出たのである。

ポンドインレットの町を出発して以来ずっと海をおおう氷上の旅をつづけ、いまはまさにランカスター海峡の氷上にいるのだが、海峡もすべて氷におおわれて、ここでも海面が見えるわけではない。そこからさらに北に向かって——つまりは海峡を沖に向かって——進むと、ずっと平坦につづく氷原の先に、氷塊が不規則に盛りあがっているのが見えた。

この季節、つまりは北極圏の晩春から初夏に、海をおおった氷にリードができはじめる。割れた氷は、潮の流れや風に乗って動きまわりぶつかりあうことで、ときにたがいを砕きあい、あるいは縁を盛りあげて複雑な造形を見せるようになる。つまりは、氷が盛りあがったところが、しっかりとした氷原の縁にあたる。そこから先はたとえ直接海面が見えないにしても、一枚のしっかりした氷原ではなく、砕けた氷が群れて浮かんでいる場所であることがわかる。

こうした白ひと色のなかで、海が開けた場所を知るもうひとつの方法が空の雲のさまだ。氷原が途切れることなく広がる場所では、雲は氷原で反射された光を受けて明るい白さを見せているのに対して、いくぶんかでも海面が広がる場所ではその反射光が減るために、雲が暗く見える。昔の極地の探検家たちも、そうして海が開けた場所を探したと聞くが、いまぼくたちが進んでいく先に広がる雲も、ふりかえって見る雲にくらべて黒ずんで見えた。

やがて平坦な氷原の端までたどり着くと、その縁に沿って橇を走らせながら、キャンプを設営するのにふさわしい場所を探しはじめた。

それまで海を広くおおった氷にリードができたとき、そこに浮かぶ大小の氷塊は、潮や風に乗って動きながら、リードの向こう側に吹きだまることもあれば、こちら側に吹き寄せられることもある。無数の氷塊がリードのこちら側に吹きだまった場所では、ぼくたちが立つことができるしっかりとした一枚氷の縁の先に、無数の氷塊が群れ、そのはるか先にかろうじて割れはじめた海面が見えるだけだ。一方、氷塊の群れが向こう側に吹きだまっている場所では、ぼくたちが立つ氷縁からすぐに海面が広がっている。

ここでぼくが目的にしているのは、リードを泳いでいくイッカクやホッキョククジラ、セイウチといった動物たちの観察だから、氷縁部からすぐに海面が見える場所がふさわしい。こうして観察に格好の場所を見つけて、ようやくキャンプを設営したところだった。

氷上のキャンプにて

浮氷群の状況は風向きや潮の流れによって変わるから、数日のうちにキャンプを移動させなければならなくなる可能性もある。さらに、すべてがランカスター海峡の真上である。季節が進むとともに、ぼくたちのキャンプを支えてくれている氷が割れはじめることもある。

そうした徴候を察するのはイヌイットのガイドたちの際だった能力で、いざとなれば早急にキャンプをたたんで移動できる準備をしておく必要がある。しかし、いまぼくたちがキャンプを設営した場所については、「一週間くらいなら氷が割れることはないだろう」とガイドがいうので安心していていい。

五月末になれば、北緯七四度の地では太陽は沈まない。ぼくは眠りたいときには、時間に関わりなく海峡に面して立てたテントに横たわり、眠くなければいつまでも氷縁の前に広がるリードを眺め、ときおり通過していくイッカクやベルーガの姿を眺めてすごした。ぼくが寝ている最中にクジラやアザラシ

写真 1-4　氷上のキャンプ前に広がるリードを、ベルーガ（シロイルカ）が泳ぐ

がリードを通りはじめたなら、イヌイットのガイドがぼくを起こしてくれる手筈になっていた(写真1-4)。

この地では、ホッキョクグマがキャンプに接近する危険もある。そのために、イヌイットのガイドたちが交代で二四時間警戒を兼ねて、動物たちの出現に目を凝らしてくれていた。彼らに起こされたならば、海に面して立てられたテントの入口をあけるだけで、寝袋のなかからでさえリードを泳ぐ動物たちの姿を観察し、撮影することができた。

ところで、この地で見ることができるのは鯨類だけではない。セイウチは何度もリードを通りすぎていったし、ときおりワモンアザラシがかわいい海坊主のように、海面から顔を覗かせることもある。ワモンアザラシは、ときに流氷とともに日本近海にまで姿を見せることがある

写真 1-5　氷にあけた穴から、海中と氷上を行き来するワモンアザラシ

けれど、北極海の氷におおわれた海を代表するアザラシである。リードの対岸を双眼鏡で見わたして黒い影を見たなら、たいていはワモンアザラシである。

おかげで、ぼくたちがキャンプのまわりを散策するときには、相当に注意が求められることになる。というのは、もしアザラシが呼吸のために氷にあけた穴があったとしても――タテゴトアザラシの観察時にセントローレンス湾でも経験したことだが――雪が降ったあとには穴を隠しているかもしれないからだ（写真1-5）。

もしも、平らに積もった新雪の一か所がゆるやかに窪んでいたら、その下に穴があるかもしれない。不注意に歩けば、雪を踏みぬいてしまうかもしれず、杖を使って雪の下に固い氷があるかどうかを確かめながらの散策になる。

ちなみにこの季節は、ワモンアザラシは海氷上で子育てをしているはずだ。彼らは、割れた海氷がぶつかりあったり重なりあったりしてできた氷の洞のなかで、子を産み育てる。氷の洞は、ホッキョクグマやホッキョクギツネといった天敵から子を守るシェルターになる。そして、この洞のなかから直接海へ出入りできるための穴を、前肢の鋭い爪を使ってあける。

近年、温暖化によって北極圏の海氷の減少が顕著になっており、北極圏のさまざまな動物たちへの影響が懸念されているけれど、このワモンアザラシが子育てをできなくなることも、大きく危惧されるひとつである。

ワモンアザラシは北極圏および亜北極圏に広く生息するアザラシで、とくにノルウェー北極圏に浮かぶスバールバル諸島（北緯七八〜八〇度）では生態研究もさかんに行われている。スバールバル諸島の島じまでは、氷河の浸食によってつくられた奥深いフィヨルドが連なり、冬期には凍結するフィヨルドは、ワモンアザラシたちの格好の繁殖地である[6]。

この地でアザラシ類の研究を長くつづけるノルウェーのキット・コバックス博士らによると、二〇〇〇年をすぎたころからフィヨルドの海氷の減少も顕著になりはじめ、とくに冬が暖かかった二〇〇七〜二〇〇八年は、諸島の西側のフィヨルド（諸島ではもともと南西から流れるメキシコ湾流の影響を受けやすい西岸のほうがいくぶん暖かい）が冬期になっても凍らなかったはじめての年になり、例年なら行われるはずのワモンアザラシの繁殖がいっさい見られなかったという[7]。おそらく同様の事例は、今後ますます増えていくだろう[8]。

アゴヒゲアザラシの声

もう一種、この地で観察できるアザラシはアゴヒゲアザラシ（写真1-6）である。ワモンアザラシとともに北極海の氷の世界を代表するアザラシだが、稀に日本近海に姿を見せることがある。以前、東京の多摩川や茨城県の那珂川に姿を現し、「タマちゃん」「ナカちゃん」と呼ばれたのもアゴヒゲアザラシだった。もし成獣を近くでしっかりと顔を見ることができれば、先端がカールした長いヒゲが印象的なアザラシである。

ワモンアザラシとアゴヒゲアザラシは、生息域は似てはいるものの、いろいろな点で対象的なアザラシである。ワモンアザラシは大きくても体長一・五メートルほどで、アザラシのなかでは最小種だが、アゴヒゲアザラシは体長二・五メートルに達し、北極圏にすむアザラシ（ほかにズキンアザラシやタテゴトアザラシ、ハイイロアザラシやゼニガタアザラシが生息する）のなかでもっとも大きい。

しかし、もっと大きな違いは餌のとり方と、それに対応した歯のさまである。

ワモンアザラシは海氷の下に潜ってさまざまな魚類や甲殻類（オキアミやアミの仲間）を捕食する。とりわけ一匹一匹がけっして大きくないオキアミやアミを捕らえるときには、獲物を口のなかにとりこんだあと、口のなかにいっしょに入った海水を口の外にうまく押しださなければならない。そのために頬歯（上下の顎の側面をおおう歯）の輪郭がぎざぎざで、上下の歯が組みあわされると細かな網の目をつくりだす。おそらくワモンアザラシはこのすきまから口のなかの海水を押しだして、オキアミやアミ

上：写真 1-6
氷上で休むアゴヒゲアザラシ

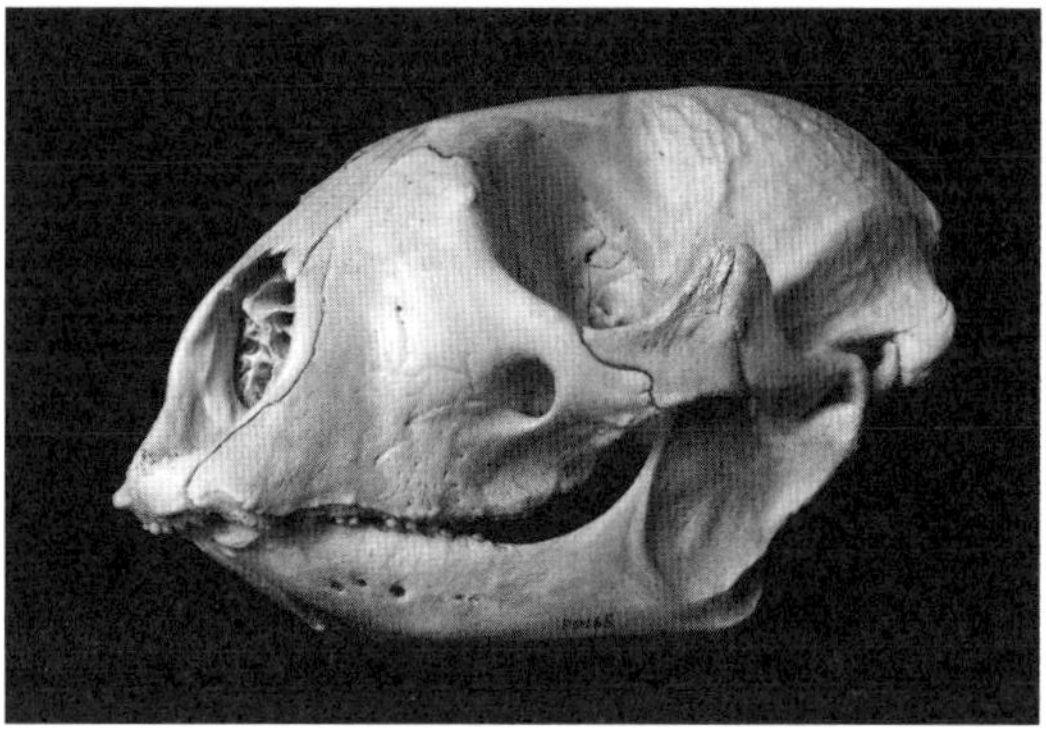

下：写真 1-7
アゴヒゲアザラシの頭骨（歯が擦り減っているのが見える。国立科学博物館蔵）

の仲間だけを食べることができる。同様の歯をもったバイカルアザラシが、バイカル湖に多く生息するヨコエビ類を同様の食べ方で捕食することが確認されている[9][10]。

一方、アゴヒゲアザラシが餌をとるときには、多くの場合、海底にすむホッキョクタラや甲殻類を、勢いよく吸いこむ方法で獲物を捕らえる。このとき、獲物が歯を擦るのだろう、成長したアゴヒゲアザラシでは多くの歯が擦り減っているのが大きな特徴でもある（写真1–7）。

じつは案外多くのアザラシやクジラの仲間など、海にすむ哺乳類がこの吸いこみ型の餌とりを行うことが知られている。たとえば水族館で演じられるベルーガの口からの泡ふきや、セイウチにビニールパイプのなかの魚を吸いこませるショーなどは、こうした彼らの生態を利用した演出だが、アゴヒゲアザラシもまたこの方法での餌とりのスペシャリストといっていい。

生き物の世界で、比較的近縁な二種の動物が同じ場所に共存するとき、両者が餌をとる場所や時間帯、あるいは獲物にする動物などをあえて違えることで、できるだけ競争を避ける例が数多く見られる。このあと本書では、世界のほかの場所でもアシカやオットセイ、あるいは複数種のアザラシが共存する例を観察するけれど、北極海で共存するワモンアザラシとアゴヒゲアザラシが主として狙う餌生物や餌のとり方の違いも、そうした例のひとつだろう。

そしてもうひとつの両種の違いは、乳首の数だ。ワモンアザラシでは、タテゴトアザラシでも紹介し多くのアザラシ類がそうであるように一対（二つ）であるのに対して、アゴヒゲアザラシでは二対ある。

*

さて、海をおおう氷の縁に設営したキャンプですごすぼくたちにとって、イヌイットの人たちは氷上での安全を確保してくれる頼りがいのあるガイドである。そして、そういわれてもすぐにはわからないほどの遠くを指さして、「向こうにホッキョクグマがいる」とか「氷の陰にアザラシがいる」といった、このうえない視力で動物を発見してくれるのが常だった。

こうして彼らの目にくわえて、動物の存在を察知するための道具をぼくはこのキャンプに持参していた。水中マイクだ。氷縁部から水中マイクを垂らし、ケーブルをテントのなかのスピーカーにつなぐ。こうするだけで、届けられてくる音はぼくを水中世界に誘ってくれた。

海面からこぼれて聞こえるほどの、鳥のさえずりにも似た声を発するために、昔の船乗りたちに「海のカナリア」と呼ばれたベルーガ（シロイルカ）はもちろんのこと、うなるような声を海中で発するホッキョククジラやセイウチなど、じつに賑やかな音の世界が北極海の海面下には広がっている。かつて海のなかは「沈黙の世界」とたとえられたことがある。しかし、水は空気よりはるかに音をよく伝える媒体である。さらに空気中よりも視覚が閉ざされる世界なら、生物たちは視覚以上に聴覚に頼る暮らしを築いていても不思議ではない。そのため海中の動物たちは、陸上動物以上に饒舌である。

こうして北極海の海中に響くさまざまな動物たちの声のなかでとりわけ魅力的だったのは、笛を吹きつづけるように、あるいは鳥たちの澄んださえずりのように、海中にとうとうと響く音である。音は、高い音域からなだらかに周波数を下げながら一分近く鳴りつづけると、海のなかに吸こまれるように消えたあと、ふたたび響きはじめる。これは、アゴヒゲアザラシの雄が繁殖期に発するもので、雌たちに向けて自分が繁殖可能な状況にあることを示すとともに、ライバルの雄に向けて自分のテリトリーを主張するものだ[11]。

五月はアゴヒゲアザラシの繁殖期の真っ最中にあり、雄たちが一年のなかでももっともがんばって海

写真 1-8　海岸に打ちあげられたイッカク。性淘汰はこの動物の雄にみごとな牙を発達させた

中にこの声を響かせる時期にあたっている。このあと季節が進んで盛夏になり、彼らの繁殖期が終わりを迎えると、この声はいっさい響かなくなるはずだ[12]。

動物のなかには、成熟した雄がみごとな飾り羽をもつクジャクや、立派な牙をもつイッカク（写真1-8）のように、視覚的に雌たちにアピールをし、ライバルの雄たちを牽制するものは多い。しかし海中にいるアザラシでは、たがいの姿が見えないので、同じ目的のために声（音）という手段を使うようになった。同じように、ホエール・ウォッチングで知られるザトウクジラも、繁殖期には雄が海中に抑揚のある長い声を響かせるのはよく知られている。

ザトウクジラの雄の繁殖期の声は「歌」とも呼ばれるけれど、同じように雌たちに向けて自分が繁殖可能な状態を知らせ、同時にほかの雄たちを牽制するものだ。アゴヒゲアザラシにしても、ザトウクジラにしても、長くとうとうと響かせる声とその長さで、雌やライバルの雄たちに対して直接見せることができない自分の体の立派さを示している。

さらに興味深いのは、ザトウクジラの雄の「歌」が、彼らがすむ海域によって少しずつ差があるように、アゴヒゲアザラシの声にも、地域によって違いがあることが知られている。[13] おそらくは模倣や学習によって、彼らは自分たちがどうアピールするかを形づくっていくのだろう。もしそれが世代にわたって伝えられるなら、それぞれの個体群の〝文化〟と呼べるものになりうる。

その後ぼくは、ドライスーツという水にいっさい濡れることなく冷たい海に入ることができる装備で極北の海につかり、水中マイクごしにではなく、じっさいに自分の耳でこの声を楽しむこともできた。もちろん、ほかのアザラシたちもさまざまな声を出すけれど、いまは多くの海域では途切れることなく海上交通があるために、海中に人工的な騒音が響くなかで、この極北の地では純粋に動物が発する声だけを楽しめる点で、いっそうぼくをアザラシの世界にひきこんでくれたのである。

減少する海氷

北極圏は、地球のなかでももっとも気候変動（温暖化）の影響を強く受けている場所のひとつで、とくに海をおおう氷の減少が大きな環境問題になっている。このことを、もう少し詳細に紹介したい。

温暖化が進んでいるといっても、北極圏では当然冬期には海は凍る。それが春から初夏にかけてとけ、ふたたび秋の深まりとともに凍りはじめる。しかし、もちろん夏になっても海氷がとけない場所もある。

いま「北極海の海氷が減少している」という意味は、①夏を迎えても（越年性の）海氷が残っている場所が少なくなっている、②これまでも同様に夏になれば海氷がとける場所であっても、春の訪れとともにいままでより早い時期に氷がとけるようになっている、ということである。

ちなみに温暖化の大きな特徴は、直線状に変わっていくのではなく、たとえば例年より暖かい年もあれば寒い年もあるということだ。降水量、降雪量にしても、多い年もあれば少ない年もある。こうしたゆらぎがあるために、直観的に、あるいは短期的にはとらえにくくしてはいるけれど、何年もの変化をとらえつづければ、大きな流れとしてある方向に向かって変動が起こっていることがわかる。

上記①の越年性の氷については、北極海ではまちがいなく減少をつづけており、とくにロシア、ヨーロッパ側ではほぼ皆無になり、わずかに残るのはカナダ北極圏およびグリーンランド北部だけになっている。北極点についていえば二〇〇八年は、そこに氷がないはじめての夏になってしまった。

また②については、動物たちにとってより影響を与える、あるいはその影響がぼくたちにもっとも見えやすい結果をもたらすものといっていい。とりわけ海氷上で出産と子育てを行うアザラシたちにとっては、子アザラシが独りだちをするまでに海氷が残ることは絶対的に必要なことで、それが満たされなければ、彼らの繁殖活動は完結しない。

鰭脚類《ききゃくるい》には、アシカ科とアザラシ科とともにセイウチ科があり、セイウチ科には現在セイウチ一種のみが属している。体重は一トンを超え、巨大な牙を誇る極北の海にすむ動物である。

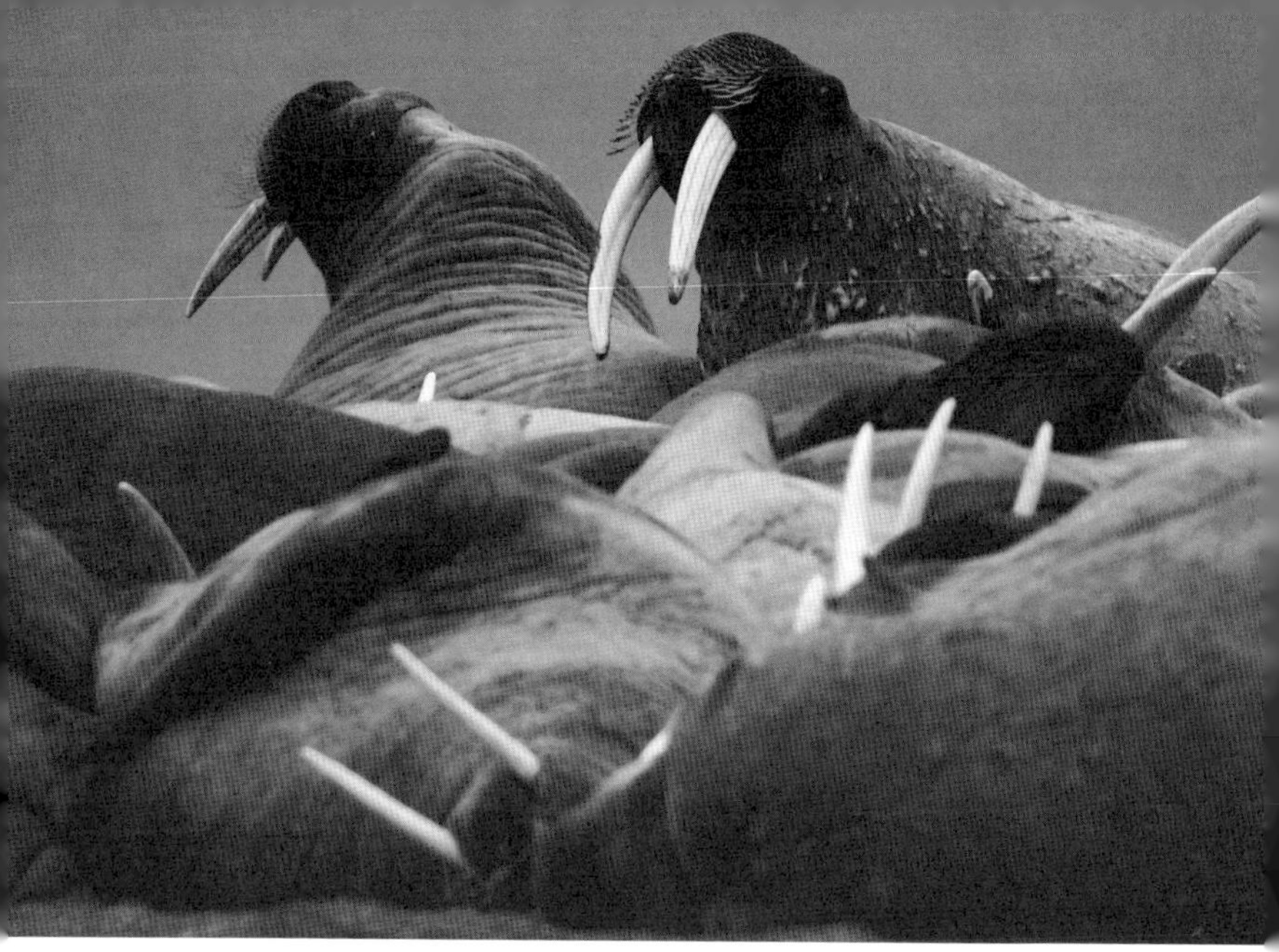

写真 1-9　夏期に海岸に集まってすごすセイウチの若い雄たち（スバールバル諸島で）

この動物もまた、温暖化の影響を大きく受けている動物でもある。

セイウチは春の繁殖期のあと、多くの雄は海岸に大きな集団をつくる（ドキュメンタリーや写真で多くのセイウチが海岸に集まる光景を見たなら、こうした雄たちの群れだ）（写真1-9）。一方、子連れの雌や若い個体の小群は、雄たちの大きな群れから離れて海氷上で夏をすごす。彼らは海氷上を休息場所にしながら、海では海底まで潜って餌をとるため、休息場所になる海氷は、十分な餌生物がいる浅海に近くなければならない。

そのなかでロシア北部のチュクチ海では、夏に海氷がある場所がより北方に移りつつある。北極海でより北方に移れば、大陸棚から離れて平均水深四〇〇〇メートルの深海域につながっていく。

そのため、これまでなら海氷上ですごした子連れのセイウチが、餌場から遠去かりつつある海氷から離れて、雄たちが群れる海岸ですごすようになりはじめており、巨大な雄たちの群れの近くで休む子が、成獣たちの間で圧死する例が増えているという[14]。

同じように、アゴヒゲアザラシも海氷上で休みつつ海底で餌とりを行うが、彼らが休む海氷が北方に移動しつつあるとともに、海氷が餌場から遠ざかることで、海氷ではなく海岸で休むアゴヒゲアザラシが増えはじめている。

動物たちの暮らしは、複雑に絡みあうさまざまな環境条件のなかで成り立っているため、ある環境条件の変化があったり、人間が自然に手をつけたとき、その影響が思いもかけない形で現れることは、ぼくたちはほんとうに多くの例で目にしてきた。ましてや、地球規模の気候変動がいったいどれだけの影響を、野生動物に与えるかについて、ぼくたちの知識や情報はまったく追いついていない。だからこそ、気候変動――とりわけ人間の産業活動が原因になっていることが明らかになった気候変動――を最小限におさえる努力をしなければならない。

◀次頁：氷河が崩れた氷塊の上で休むゼニガタアザラシ

第2章 アラスカの沿岸水路から

サケ・マスが押し寄せる海

アメリカ、アラスカ州の地図を眺めると、南東部に海岸線に沿って細くカナダに入りこんだ地域がある。南東アラスカと呼ばれる地域で、その中心地ジュノーは、アラスカ州の州都がおかれた町だ（地図2）。

南東アラスカをより拡大して眺めるなら、海岸線は複雑にいりくみ、沿岸水路が無数の島じまを隔てながら網の目のように伸びていく。水路は、かつて氷河が流れたあとに海水が入りこんだもので、いまでも多くのフィヨルドが陸深く入りこみ、その最奥ではまだ残った氷河が海に流れこんでいるところも少なくない。こうした地形は、アラスカ州を太平洋岸に沿って西方に旅すれば、やがてたどり着くプリンス・ウィリアム湾やその西につづくキーナイ・フィヨルド、さらにはアラスカ半島沿岸まで途切れることなくつづいている。沿岸水路のなかは、島じまによって外海の荒波から

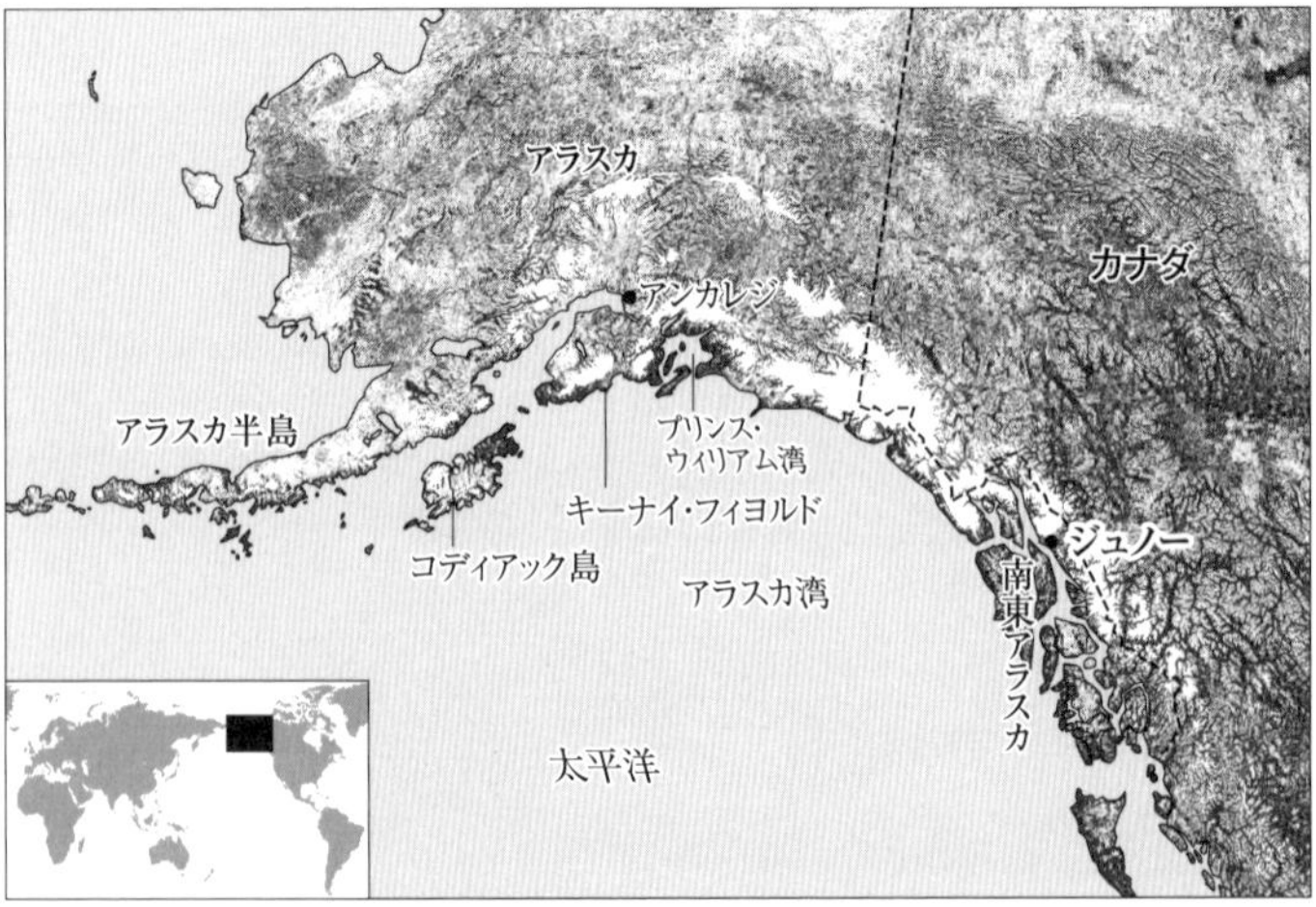

地図2　北米大陸北西部

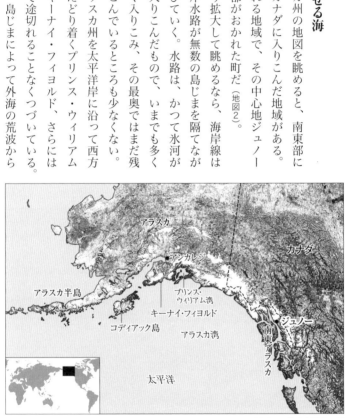

写真 2-1　針葉樹の深い森を茂らせた島じまを散在させるアラスカの沿岸水路

守られて穏やかに水をたたえ、船やボートで旅をするには格好の舞台である。とくに夏に多くの旅行社、クルーズ会社が宣伝する豪華なクルーズシップに乗っての「アラスカクルーズ」が行われる場所でもある（写真2-1）。

かつて氷河におおわれていたはずの島じまは、いまではツガやトウヒなど針葉樹の深い森におおわれている。それは海洋性の、高い緯度の割には穏やかな気候と、太平洋からもたらされる豊かな降雨に育まれたものだが、水辺にまで迫る森の影は、沿岸水路の穏やかな海面に映しだされて、そこを旅する者たちをとりこにする光景をつくりだす。こうして海上では明媚な風景が広がる世界も、海中での動きは激しい。

潮の干満にあわせて流れる海水は、いりくんだ水路に突きだした岬や、海底の起伏によってかき乱される。こうして、氷河によって削られたフィヨルドの深みからまきあげられる栄養分が、とりわけ夏期には北の国の長い日照を受けて海中にプランクトンの群れを沸きたたせる。船べりから海中を覗きこめば、海は緑色の濃いスープに見えるほどだ。植物プランクトンの群れは動物プランクトンを、さらには小魚の群れを集め、多くの鯨類を含む大型の海洋動物をひきつける。なかでも多く姿を見せるのは、夏期に沿岸水路に群れるニシンの群れを追って集まるザトウクジラだろう。

そしてもうひとつこの海を特徴づけるのは、産卵のために各地の河川に遡上するため、初夏から秋まで季節にあわせて、キングサーモン（マスノスケ）、ベニマス、サケ、ギンザケ、カラフトマスなど何種かが入れ替わりながら、沿岸水路に押し寄せるサケ・マスの群れの存在である。

季節に応じて（年ごとにその量に増減はあるにしても）まちがいなく押し寄せるサケ・マスの膨大な群れは、人間の世界においても動物の世界においても、限りない恵みをもたらしてきた（写真2-2）。人間の世界においては、地上の巨木の森がもたらしてくれる恵み（材木としてもそうだが、その森にすむ獣たちもそうだ）とともに、比較的限られた労力で数多く獲れるこれらの魚たちを糧に、先住民たちが豊かな文化を築いてきた。そして動物の世界にあっては、ヒゲクジラであるザトウクジラならニシンのような小魚を餌にできるものの、必然的にもう少し大きな獲物を必要とするシャチに代表されるハクジラたちにも、豊かな食料を提供することになった。

カナダからアラスカ沿岸にかけて広がる沿岸水路に定住するシャチ個体群については、一九七〇年代の初頭から精力的な調査が行われてきたけれど、その対象となったシャチ個体群こそ「レジデント」と

写真 2-2　盛夏になれば、産卵をひかえたカラフトマスの大群が沿岸水路に集まる

呼ばれて、サケ・マスの群れが豊かに来遊する内海の環境にあわせて自分たちの暮らしをつくりあげてきたものたちである。

つまりは体長数十センチ～一メートル近いサケ・マスという動物の存在が、ニシンなどの小魚と栄養段階がより高位にある動物とを結びつけたといっていい。そしてその恩恵を受けたのは、シャチなどのハクジラ類だけでなく、この海に多いトドとゼニガタアザラシなど鰭脚類《ききゃくるい》でもあった。

さらにいえば、アラスカ太平洋岸から北米大陸の太平洋岸に沿って南への旅をすれば、遠くカリフォルニア州沿岸まで、沿岸は豊かな寒流カリフォルニア海流に洗われるとともに、各地に湧昇流もあって、海洋生物が豊かに生息する海域である。と同時に、カリフォルニア州のなかほどまでなら、アラスカ沿岸と同様に何種かのサケ・マス類が産卵のために遡上する川がある。

こうした魚群が（もちろんサケ・マスだけではないが）多くの鰭脚類の暮らしを支えていることは、次章でも紹介するとおりだ。もちろん鰭脚類だけでなく、同様の魚類などを獲物にする小型のハクジラ類も多い。

二タイプのシャチたち

アラスカ沿岸からカリフォルニア州の太平洋岸にいたる、世界のなかでも鰭脚類や小型ハクジラ類が多い環境は、シャチのなかでもうひとつ特異的な暮らしをする群れ（生態型）を生みだした。前述の「レジデント」とは別に「トランジエント」と呼ばれて、もっぱら小型ハクジラ類や鰭脚類を襲う（海生哺乳類食者）のシャチたちをも出現させることになったのである。

ちなみに、魚食性のシャチたちは、比較的決まった海域に定住するために「レジデント」と名づけられたが、海生哺乳類食者のシャチたちは、レジデントと生息域や行動圏を重ねあわせながらも、もっと広い範囲を遊弋《ゆうよく》し、ひとつの場所にあまり長くとどまらないために「トランジエント」（「一時通過者」の意味）という名が与えられた。そして両者は、それぞれの餌生物あるいは狩りの効率にあわせて自分たちの暮らしを規定しているといっていい。

レジデントのシャチは、比較的大きなポッドを構成し、魚群を狩りするにあたってもさかんに海中で声を出しあう。レジデントが狙うのは、たいていは大きな群れをつくるサケ・マスであり、声を出すことで仲間と協同して魚群を囲いこむ。

一方、トランジエントのほうは、たいていは二、三頭（ときに単独）で行動し、狩りにあたってめったに声を出さない。彼らの獲物であるイルカが遠くからシャチの存在を知れば遠くへ逃げたり、鰭脚類なら岩礁上や海岸にあがってしまうことができるからだ。

また、トランジエントのシャチが二、三頭で行動するのは、彼らが一回の狩りで捕らえることができるのは一頭の獲物で（近くに仲間がいたとして、一頭を狙う狩りの間にほかのものは遠くに逃げることができる）、一頭の小型ハクジラや鰭脚類を狩ることによってそれぞれのシャチが得られるエネルギーを考えれば、二、三頭程度で行うのがもっとも効率がいいからである（世界の各地で、大型のクジラを襲うシャチの群れはいるが、彼らは狩りにあたって、もっと大きな群れを構成する）。

*

南東アラスカやプリンス・ウィリアム湾の、針葉樹の深い森を茂らせた島じまの間を小型ボートで旅する——そんな経験を、ぼくはコロナ禍がはじまるまで、およそ三〇年にわたって毎年欠かさず、初夏から秋にいたるいずれかの季節に行ってきたけれど、もしも天国があるとすれば、こんな光景かもしれないと思うほどだ。

海上には、水辺に迫る森からの芳香が漂い、一歩上陸すれば、灌木類が枝もたわわにベリー類を実らせる。森のなかでは、グリズリーやアメリカグマ（アメリカクロクマ）が徘徊し、梢ではハクトウワシが翼を休め、ときにキュロキュロと甲高い声を響かせる。

写真 2-3　産卵のために川を遡上するサケを捕らえたアメリカグマ

サケやマスの産卵期が近づけば、島の入江には水面を黒く染めるほどの魚影が集まり、さらに遡上の時期が近づけば、多くのサケやマスがまるでポップコーンが跳ねるように、そこここで海面にジャンプを繰りかえすようになる。そのころ、浅瀬から誰何《すいか》するように丸い頭部を突きだすものがいれば、まちがいなくゼニガタアザラシである。

やがて魚群が川や沢に遡上しはじめると、あたりはいっそう賑やかさを増しはじめる。それまで森のなかに姿を隠していたグリズリーやアメリカグマは、魚群の魅力に駆られて臆せずに川辺に姿を現すようになり、それまでなら梢に見上げるしかなかったハクトウワシも、川辺に舞い降りて獲物を狙うようになる。背びれや、ときに体の半分以上を水面から出しながら、川の浅瀬を乗り越えていくサケやマスの群れは、途中でグリズリーやアメリカグマに捕らえられるものも多いが、魚群の多さはその損失を補って余りあるほどだ（写真2-3）。

クマたちは、捕らえた魚をその場で食べるものもいれば、森のなかに運んでいくものもいる。じつは森のなかに運ばれるサケやマスの、食べ残された残渣こそ、森の樹々の養分として大きな役割を果たしており、じっさいに森の樹々から、海洋性起源のリンなどの栄養分が検出されることもある。ここでは森と海がほんとうにひとつに溶けあっていることを実感する。

トドが集まる場所

沿岸水路にボートを漂わせて休憩をしているとき、近くから聞こえたゴホゴホと荒く咳をするような音を耳に振り向くと、何頭かの動物が褐色の背を連ねて海面を渡っていく。呼吸を繰りかえしながら泳いでいく一群のトドだ。

動物園などでもその姿には馴染みが深いが、雄では体重一トンに達して、アシカ科のなかで最大の動物である。一方、雌のほうは最大でも二七〇キロ程度と、性的二型が強い。英名の Steller sea lion とは、一七四一年に、ベーリングによるカムチャッカ半島をはじめとした北太平洋の探検航海に同行したドイツの博物学者ゲオルグ・ステラーの名に因む。

アシカ科の動物の多くが顕著な性的二型を示すことについては、後ほど詳述するけれど、繁殖地では一頭の雄が多くの雌が集まる海岸になわばりを構える。また雄たちは、体が大きいだけでなく、成熟とともに首のまわりにたてがみをもつようになる。彼らが sea lion と呼ばれるのはそれ故だが、なかでもトドの雄は太い首のまわりにたてがみを誇り、彼らの学名 *Eumetopias jubatus* の *jubatus* は「たてがみをもつ」を意味する。

雄たちはときになわばりをめぐって、激しい闘いを演じる。とくに相手の首筋に噛みつくこともあるが、豊かなたてがみは――サバンナのライオンでも同じだが――ライバルの攻撃から致命的な傷を負うのを防いでくれる〝盾〟になる。と同時に雌に対して、自分が立派な雄であることを誇示する道具になる。

トドが北太平洋に広く分布し、日本でも見られることはご承知のとおりだ。それらは、アラスカのサックリング岬から東側(北米側)のものは *E.j.monteriensis*、西側(アリューシャン列島〜千島列島、オホーツク海)に生息するものは *E.j.jubatus* と、別亜種に分類されている[1]。ちなみにサックリング岬とは西経一四四度、ちょうどカナダに深く入りこんだ南東アラスカのつけ根に近い場所にあたる。とすれば、興味深いことだが、ぼくがアラスカで出会うトドは、南東アラスカで観察する *E.j.monteriensis* と、プリンス・ウィリアム湾やアラスカ半島沿岸で観察する *E.j.jubatus* の二亜種が含まれることになる。以下は、プリンス・ウィリアム湾での観察にもとづいて記述するが、目視による観察ならば、両亜種に大きな違いがあるわけではない。

＊

じつはいまぼくがボートを浮かべる場所から近い場所に、トドたちが集まる岩礁があり、彼らはそこ

写真 2-4　岩礁に密集したコロニーをつくるトド

から餌とりに出かけてきているものたちだろう。その岩礁にボートを近づければ、一頭一頭の姿を双眼鏡で確認できるころから、風に運ばれるトドたちの咆哮が聞こえるようになり、さらに接近すれば海獣たちが放つ生ぐさい匂いを感じるようになる（写真2-4）。

岩礁には所狭しとばかりにトドが群れ、一部の姿は海のなかにも見ることができる。なかには、海上に突きでた岩礁の相当に高いところで休むものもいる。彼らはひれ状になった四肢でも、急峻な岩場さえ登れるものだ。また、あるものは浅瀬にいて上半身を海面に出し、あるものは海を泳ぎまわり、ときおり海面に顔をあげては咳こむような音を立てて呼吸を行う。

岩礁の上では、ほかのアシカの仲間にくらべればいくぶん赤みをおびた褐色の背を見せる雌たちの間で、ひときわ大きな雄の姿をとらえることができる。何頭かの雌のそばで横たわる黒い小塊が見えるのは、生まれてまもない子たちである。彼らは五～七月に出産。まさにいまぼくが観察している季節だ。出産した雌は、一週間ほどはずっと子のそばですごし、そのあとは一～二日海での餌とりを行っては、繁殖地に帰ってきて授乳を行ってすごす。

一般的に同様の子育てを行うアシカ科の動物たちは、アザラシの仲間が出産してから離乳まで集中的に授乳を行い、比較的早い期間に子離れするのにくらべて、完全な離乳までの期間は長く、トドでは一年ほどかかる（なかには三年近くおっぱいをもらう子もいるという[2]）。ちなみに雌は、出産してから二週間ほどで交尾をするのが常だ。

群れのなかには、まだ子どもと思われるほどの大きさだが、体色は黒褐色ではなく、大人たちの明るい体色に近いものもいる。生まれた子どもは、四～六か月で黒褐色の新生児毛から褐色の毛皮に変わり、二年もたてば大人たちと同じ体色の毛皮をまとうようになる。

先に、海生哺乳類食である「トランジエント」と呼ばれるシャチの存在を紹介した。トランジエントはこうしたトドのコロニーの存在を承知していて、しばしばそのそばをシャチが遊弋する光景を見ることも少なくない。

しかし、ここでのトドたちの圧倒的な有利さは、彼らが岩礁にあがって避難できることにある。危険を察知したトドたちはさっさと岩礁にあがってしまい、近くの海面から突きだす黒い大きな三角の背びれが移動していくのを眺めながら、咆哮を響かせる姿はよく目にしたものだ。それでも、餌とりに出ていて危険を察知しても岩礁にまで戻れないトドがいて、襲われる光景がときに展開されることも事実だ（写真2-5）。

トドたちの過去と将来

こうしたトドがコロニーをつくる岩礁での観察には、ある程度距離をとって慎重な接近が求められる。というのは、ぼくがアラスカの海でトドの観察をはじめた一九七〇〜九〇年代に、アラスカ湾からアリューシャン列島にかけて分布するトド *E.j. jubatus* が、個体数を激減させ（一九九〇年代初頭には、七〇年代中ごろにくらべて八〇パーセント減少している）[3][4]、とくにアメリカではその理由を探ることと保護に向けて相当な努力がなされていたからだ。興味深いのは、同じ時期にも南東アラスカに生息するトドは、漸増状態にあったことだ。

もちろんその理由を知ることは簡単ではなく、餌

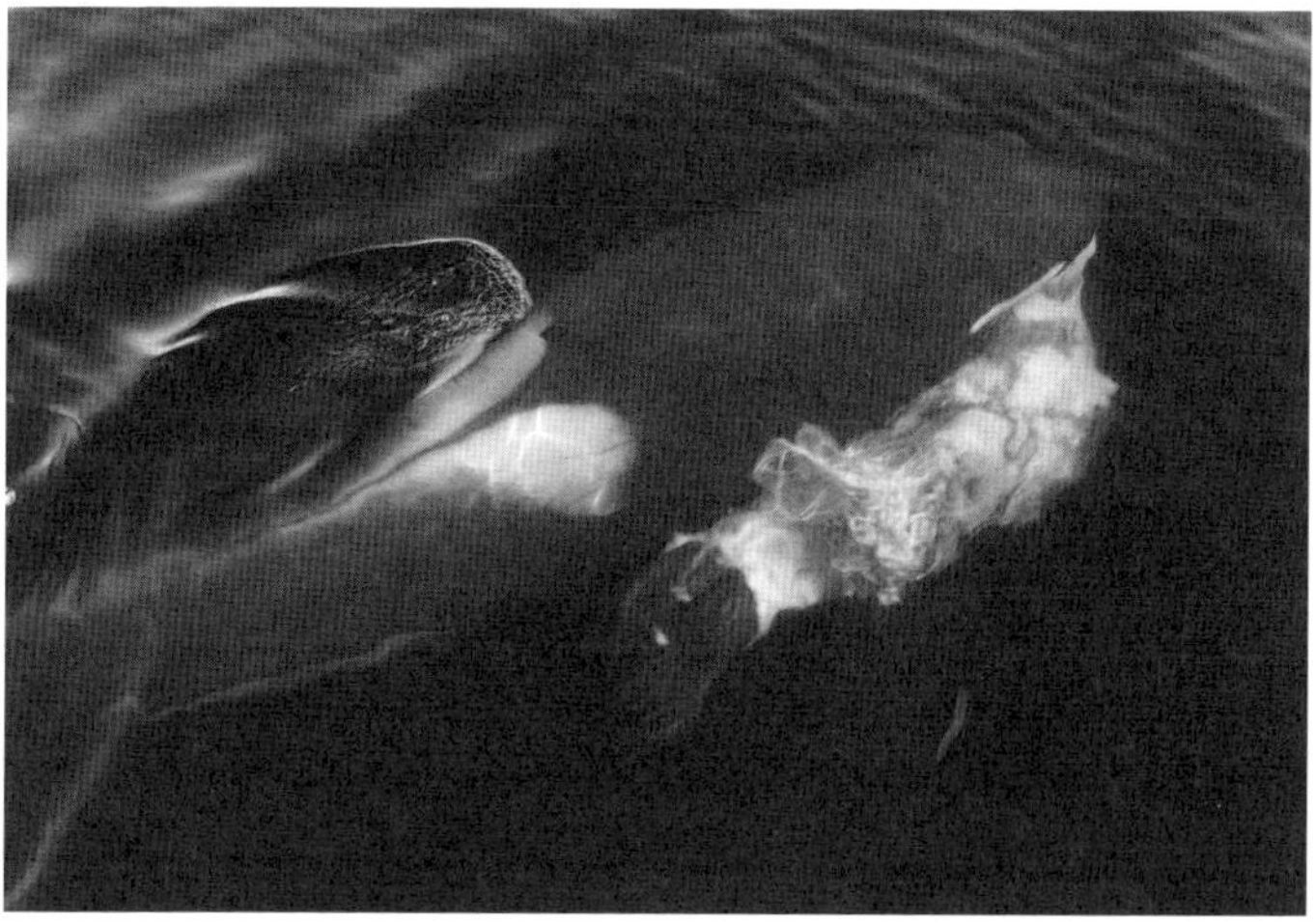

写真 2-5　トドを捕らえたトランジエントのシャチ

資源の減少、病気の蔓延などさまざまな理由が考えられたが、同じ時期、同じ海域のゼニガタアザラシや、またベーリング海に浮かぶプリビロフ諸島で繁殖するキタオットセイも大きく個体数を減らしていることが明らかになった。とすれば、もっとも考えられるのが、ベーリング海やアラスカ湾の海洋環境の変動だろう。

太平洋ではエルニーニョやラニーニャのような、何年かに一度発生する変動が知られている。それにあわせて北太平洋では〝一〇年規模変動〟と呼ばれる、およそ一〇年ごとに起こる変動が知られてきたが、一九七六〜七七年に起こった変動はより大きな変化をもたらしたといわれている。[5] このとき、北太平洋の中央部では水温は低下する一方、アラスカ湾では水温が上昇することが知られている。

それによる餌資源の減少が理由かと思われるが、じつはその時期のアラスカ湾のトドたちが飢えていたわけではなかった。海洋環境の変動により、餌として利用できる魚種が大きく変わったのである。もともとトドは、ニシンやホッケ、スケソウダラやさまざまな底生魚を捕食する。しかし、この海洋環境の変動は、栄養豊かなニシンや底生の魚類を減少させ、トドたちが食料をもっぱらスケソウダラに頼るようになったという。[6] しかし、スケソウダラは脂肪分が少なく、それだけでは成長盛りの若いトドが必要とする栄養をまかないきれなかったようだ。

＊

ある会合ではじめて〝ジャンクフード仮説〟という言葉を聞いたとき、一瞬なんの意味かわからなかったけれど、スケソウダラがトドたちにとって〝ジャンクフード〟だったというわけだ。

一九九〇年代のことだが、トドが減少したことがアリューシャン列島の沿岸のある海域の生態系を大きく狂わすことになった、ひとつの興味深い報告がある[7]。

トドを捕食していたシャチが、トドが減ったことによりラッコを狙いはじめた。大きなトドから得られる栄養から考えれば、ラッコ一頭はおやつ程度にしかならなかったろう。こうしてその海域のラッコが減少しはじめた。ラッコの好物はウニだが、ラッコが減ればウニが増える。ウニが増えれば、より多くの海藻が食害を受けることになる。こうして、トドが激減したことが、ほんとうに思いもよらぬ形で、ひとつの海域の海藻の森を大きく傷めることになった。

自然とは、それを構成しているすべてのものが複雑に絡みあいながら、ひとつのバランスをつくりあげて存在している。そこにたとえば人為的な変化——それは、自然がもたらす変化よりいつも急激で短時間に起こる——がもたらされることで、そのバランスが一気に崩れる例を、ぼくたちはさまざまなところで目にしてきたとおりである。

幸い、現在はアリューシャン列島の一部を除いて、トドは北米側でも太平洋の西側でも個体数を回復させつつある。しかし、気候変動が今後どんな影響をもたらすか、ほかの多くの動物たち、とくに高緯度海域に生息する多くの海洋動物と同様に注意をもって見守る必要があるだろう。ちなみに日本近海では、オホーツク海やサハリン沿岸で繁殖するトドたちが個体数を増やす傾向にあり、彼らが北海道沿岸により多く姿を見せるようになって、漁業者との新たな軋轢が懸念されはじめている。

トドの餌とり

初夏のある日、海は凪ぎ、沿岸水路には鏡のようにきらめく海面が広がっていた。北緯六〇度を越えるプリンス・ウィリアム湾でも、初夏の晴れた日、ボートを波に漂わせれば、Tシャツ一枚ですごせる陽気になる。

そのとき、遠く海面に激しく水しぶきがあがるのを目に、ぼくたちはその方角にボートを向けた。こんな穏やかな日、海面にあがる飛沫は、きまってなにか生き物の仕業である。双眼鏡を覗くと、その上空にカモメだろう、群れ飛ぶ鳥たちの影が見えた。

ある程度距離を縮め、ふたたび覗いた双眼鏡の視野のなかで、海面から顔を突きだしたトドの姿を見た。口には体長八〇センチほどのキングサーモンがくわえられている。水しぶきは、トドがその獲物をくわえたまま、海面で激しく振りまわすときに立てられていた。

鰭脚類は、(水族館でよく見ることができるように)小さな獲物なら丸のみしてしまうのが常だ。しかし、ときに一口で丸のみできないほどの大きさの獲物を捕らえることがある。

陸上動物であれば獲物を地面に横たえ、前肢で押さえつけたまま、体の一部を噛みとることができる。しかし、海のなかでは獲物を押さえつけることができない。そのために鰭脚類が大きな獲物を捕らえたときに行う、共通した動作がある。それは、くわえた獲物を海面から突きだして、首の激しい動きで空中で振りまわすことだ。こうして獲物の体を引き裂き、引きちぎって、のみこめる大きさにする。

この北の海にはミズダコという大きなタコがいる。一度、トドがミズダコを捕らえた光景にも出会ったことがあるが、同じような動きで足を引きちぎり、体を引きちぎりながら食べていた。

このあと本書でも、世界各地のアシカ・アザラシたちが獲物を捕らえる場面に出会うけれど、そのときも同様の行動を行うのをしばしば観察してきた。そしてこの方法では、獲物の小さな肉片が、まわりに飛び散ることも多い。そのため、それらを狙ってカモメや腐肉食の鳥たちがまわりに群れ飛ぶのが常で、遠くからでもそこでなにが起こっているかを知る、ぼくたちのひとつの目安にもなる。

フィヨルドのゼニガタアザラシ

ぼくがボートで旅する沿岸水路は、かつて巨大な氷河が流れるときに削りとられた谷筋に海水が入りこんだものだが、一部の水路は狭いフィヨルドになって、陸深く入りこんでいる。ぼくはときに、その最奥でいまでも海に流れこむ氷河の景観を楽しみに出かけることがある。

巨大なヘビが蠢《うごめ》くように蛇行しながら内陸に入りこむフィヨルドは、奥につれて両岸に連なる山やまがより切り立っていく。フィヨルドの入口付近では山の頂きまで占めていた針葉樹は、やがて山の中腹までをおおい、それより上はむきだしの岩壁が露出するようになる。そこが森林限界にあたる。フィヨルドの最奥に氷河を遠望できるようになるころ、海が「グレーシャーミルク」と呼ばれ、青磁のような青白さを見せるのは、氷河が岩いわを削りとってできた細かなシルトを溶けこませているからである。

両岸には磨きあげられたような岩壁が切り立ち、海面には氷河から崩れ落ちた氷塊が浮かぶようにな

写真 2-6　氷河が崩れたあとにフィヨルドの海面をおおう氷の上で休むゼニガタアザラシ

る。以前、軽飛行機でこのフィヨルドと氷河のさまを空から眺めたことがあるけれど、こうして浮かぶ氷塊は、くねる大蛇が脱皮するときに残した古い皮の残滓のように見えた。

フィヨルドの両岸につづく岩壁は、磨きあげられた金属のような光沢を見せて太陽の光を反射する。かつて氷の大河が悠久のときをかけてこの谷を流れたときに、氷の動きによって研磨されたものだ。そして、氷河の動きを再現するかのように、岩壁には「擦痕」と呼ばれて、水平方向に無数の筋が刻まれている。

ボートが、遠望していた氷の壁に向けて徐々に接近をつづけると、海面をおおう氷塊の群れの数や、ひとつひとつの氷塊の大きさが増しはじめ、ボートはそれらを慎重に避けながらジグザグに進まなければならなくなる。しかし、このあたりからいっそう興味を増すのは、氷塊の上に休むゼニガタアザラシの姿が多くなっていくことだ（写真2-6）。浮かぶ氷塊の上に黒い点が見えれば、いずれもがまちがいなくゼニガタアザラシである。接近するにつれて、一頭一頭がはっきりとしたアザラシの姿をとりはじめ、その表情の細部まで見てとれるようになるころには、アザラシも警戒してこちらに顔を向けつづける。

さらに接近すれば、そわそわ動きはじめて、ふいに海のなかに滑りこんでその姿を隠す。しかし、すぐに近くの海面から丸い頭を突きだして、こちらのようすをうかがうのが常だ。英語ではHarbor sealと呼ばれて、アザラシのなかではもっとも人の目に触れている種である。

ゼニガタアザラシは、日本では北海道の沿岸の各所で見ることができるけれど、同じ種のアザラシが、千島列島からアリューシャン列島を経てアラスカ沿岸から、今度は南へカナダ、アメリカ、ひいてはメキシコの沿岸までの北太平洋の沿岸部と、アメリカ北東部の沿岸から北へラブラドル半島沿岸、カナダ、ハドソン湾沿岸まで、ヨーロッパ側ではポルトガルから北海やバルト海を経てスカンジナビア半島やアイスランド、グリーンランド南部沿岸まで、北大西洋の北部沿岸地域に広く分布する。ぼく自身、ノルウェー北極圏の北緯七九度のスバールバル諸島や、北極圏に位置するスカンジナビア半島北部でも観察している。

そのなかで、北太平洋に生息するものは *Phoca vitulina richardii*、北大西洋に生息するものは *P.v. vitulina* と別の亜種に分類されている（さらにハドソン湾のアンガヴァ半島に生息し、広大な氷床の存在によって長く隔離されてきた小さな個体群は、もうひとつの別亜種 *P.v.mellonae* に分類される）。もちろん、いまぼくが観察しているゼニガタアザラシは、*P.v.richardii* にあたる。

ちなみに、北海道にもすむこのアザラシを見ると、濃い色の体に白い楕円形の模様が散在するために〝銭形〟と名づけられたが、千島列島からアリューシャン列島へと分布域を北方に移動しながらそれぞれの場所にすむその姿を眺めれば、淡い褐色の体に濃い色の斑点を散らすものが多くなっていく。北海道で見られるものは「暗色型」、淡色の体のものは「明色型」と呼ばれるが、ここアラスカで見るこのアザラシはほとんどが明色型になる。そのため、日本語で「ゼニガタアザラシ」と呼ぶには抵抗を感じるときもあるけれど、彼らすべてが *Phoca vitulina* というひとつの種に属している。

さらにボートが氷壁に近づくと、まわりの海面を埋めつくす浮氷のいたるところでアザラシたちが群れ休む光景を目にするようになる。北海道のゼニガタアザラシ、あるいは世界の各地に生息するゼニガタアザラシの多くは岩礁上や海岸で出産するが、ここでは多くの雌がフィヨルドに集まって氷上で出産する。初夏にこうしたフィヨルドを訪れれば、浮かぶ氷の表面に、おそらくそこで出産があったことを思わせる血の跡を見ることも少なくない。

ちなみに、北極圏に生息するアザラシたちがきまって（氷の間で捕食者に見つかりにくくするためだろう）、子どもはタテゴトアザラシに代表されるように白い新生児毛をまとって生まれてくるのに対して、ゼニガタアザラシは白い新生児毛を母親の胎内で脱ぎすて、たとえ氷上であっても濃色の毛皮で生まれてくる（高緯度に生息するゼニガタアザラシが、ときに明るい灰色や白っぽい毛皮で生まれることがあると聞くが、ぼく自身は見たことがない）。

南東アラスカあるいはプリンス・ウィリアム湾では、フィヨルドのなかではなく、沿岸水路に散在する各所の岩礁でもゼニガタアザラシの姿はあるけれど、フィヨルドの氷上は出産し、子育てをする雌たちにとって海の捕食者からも陸の捕食者からも子を守ることができる格好の場所である[8]。沿岸を遊弋するトランジエントのシャチにとってのメニューのなかでは、ゼニガタアザラシが最上位にあるのだが、彼らによる被害もまた避けやすい場所だろう。

ちなみに、沿岸水路に定住するレジデント（魚食者）のシャチたちは、沿岸から離れてサケやマスの大群が来遊する大きな水路の中央を泳ぐことが多いのに対して、トランジエント（海生哺乳類食者）のシャチたちは、海岸に休んだり海岸との間を行き来するゼニガタアザラシやトドを狙うかのように、島や岩礁の沿岸に沿って、先にも書いたように声も出すことなく、少数で忍ぶようにパトロールするのが常だ。

それでも季節が盛夏から秋を迎えるころには、フィヨルドの浮氷上ですごすアザラシの数は少なくなり、沿岸水路の海岸や岩礁でより多く見られるようになっていく。それは、離乳まで一か月弱といわれるゼニガタアザラシにとって子育ての時期が終わることと、そのころには沿岸水路にはサケやマスが群れ、とりわけ魚たちが遡上する川や沢が流れこむ入江では海面を黒く染めるほどに魚群が集まるために、餌がとりやすくなるからだろう。

グレーシャーベイにて

南東アラスカの北西部、太平洋に近い場所にグレーシャーベイと呼ばれる、アメリカの国立公園にもなっている風光明媚な湾がある。多くの氷河が湾に流れこむためにこの名が与えられている。と同時に、アラスカ沿岸のなかでも、もっとも多くのゼニガタアザラシが生息する場所として知られてきた。しかし、グレーシャーベイのゼニガタアザラシが、長年にわたってほかの場所以上に減少していることについて、多くの研究者が懸念を寄せつづけてきた[9]。

いつの場合も、野生動物の増減をもたらす原因を知ることはけっしてたやすいことではない。しかし、グレーシャーベイのゼニガタアザラシについては、繁殖期に雌たちが集まり、出産し、子育てをすることができる浮氷の減少がなによりの原因と考えられている。

じっさいアラスカ沿岸では、全体の一〇パーセントかそれ以上のゼニガタアザラシが、フィヨルドのなかで氷河から崩れた浮氷を、休息や出産、子育てや換毛の場所として利用している[10]。フィヨルドこそアラスカのゼニガタアザラシの、次の世代の供給場所と見る見方もあるほどだ。

いま世界中で多くの氷河と同様に、アラスカ沿岸でも氷河は急速に後退しつつある。そのためゼニガタアザラシについても、フィヨルドの浮氷を上記のような目的で使っているものは、そうでない場所に生息するものにくらべて、より個体数を減少させているらしい。そして、それがより明瞭な形で起こっているのが、グレーシャーベイだといっていい。

ずいぶん前に、グレーシャーベイを旅したときのことだ。ぼくはこんなメモを残している。

＊

氷上のアザラシたちの観察を終えて前方を眺めたとき、視界は海から屹立する氷の壁に遮られた。フィヨルドのなかでは、干満による潮の流れや、氷河から流れだす水の動きで、気づかないうちに浮氷の群れに囲まれていたり、思わぬ距離まで氷壁に向けて吹き寄せられているときもある。

いま目前に迫る氷壁は、背後の氷床から押しだされつづけている氷河の最前面である。巨大な氷壁はそのまま稜線までつづき、その上には鋼青の輝きを見せる空が広がっている。

万年の雪や氷の重さに押されて、目には見えない速さで流れつづける氷の河は、谷筋でおり曲げられ、岩塊にねじ曲げられるたびに亀裂（クレバス）が刻まれる。そのクレバスのために、氷河の表面はささくれだって見える。

氷の大河を吹きおろしてくる風が頬をさす。ときおり大気をふるわせて渡る遠雷のような響きは、どこかで氷がクレバスへ崩れ落ちる音だ。

氷河にさらに接近すると、氷壁はクレバスからさしこむ太陽を透過させて青い光を放ち、その前を舞うゴマ粒のようなカモメたちの白をいっそう際だたせる。壮大な風景は、見る人の距離感や大きさの感覚を麻痺させるものだ。

ふいに、小さく砕けた氷が白糸をひく滝のように氷壁を流れ落ちていく。それにつづいて、氷壁の窪みで微妙なバランスを保ってとどまっていた小さな氷塊が落下した。

写真 2-7　近年、氷河から崩れ落ちるのは巨大な氷塊でなく、細かく砕けた氷であることが多くなった

これが大きな崩落の前兆だった。ふいに大気を切り裂く音が響き、氷壁に一条の亀裂が走った。裂け目を一気に引きはがすように、巨大な氷塊が海に向かって倒れはじめる。氷壁の裂け目からは、砕けた氷が白い粉塵になって弾け散る。

雷鳴に似た轟音をあげて落下する氷塊は、水とも氷ともつかない飛沫をあげて海中に没していく。落下の勢いをかりて海面下に消えた氷塊は、水中では浮力による反動で海面から盛りあがり、生き物のように蠢き、のたうつ動きを見せた。

一か所の崩落は、海に突きだして切り立つ氷壁の微妙な均衡を崩して、新たな崩落を誘う。氷河のなかに閉じこめられていたエネルギーが一気に放たれるかのように、つぎつぎに氷壁は避け、大小の氷塊が白煙をあげながら落下していった。

じつは近年まで、アラスカのフィヨルドを継続して旅してきたけれど、こうした巨大な氷塊が崩落する光景をほとんど見ることがなくなった。あるいは氷河を構成する氷自体が、もろく、とけやすくなっているのだろう。最近の崩落のほとんどは、シャーベット状になった氷がぐずぐずと滝のように流れ落ちるものである（写真2-7）。

*

そのため、崩れ落ちたあとに海面に浮かぶのは、小さな氷塊の群れで、アザラシたちがその上でゆっくり休み、子育てをするにふさわしいものでなくなりつつある。さらに、同じグレーシャーベイで観察されるが、氷河からの氷に直接関わりなく暮らしているトドの個体数が微増状態であることを見れば、氷河の後退と浮氷群の減少がゼニガタアザラシの減少にもたらす影響の大きさを思わずにはいられない。

プリンス・ウィリアム湾のゼニガタアザラシ

アラスカ沿岸のゼニガタアザラシについて書くとき、どうしてもひとつの大きな出来事に触れざるをえない。多くのゼニガタアザラシが生息するプリンス・ウィリアム湾で、一九八九年三月に巨大なタンカー、エクソン・バルディーズ号が起こした原油流出事故についてである。

ぼくは一九八七年、新たに継続して取材を行うための候補地としてプリンス・ウィリアム湾をはじめて訪れ、三週間にわたって小さなボートで島じまの間を走りまわって、多くのシャチやゼニガタアザラシが生息するのを目にしていた。それから一年半後に起こった事故であった。

アラスカ州北部の北極海沿岸で採掘される原油は、プルドーベイからアラスカ州の大地を縦断する総延長一二八〇キロのパイプラインによって、プリンス・ウィリアム湾北部にあるバルディーズの町まで送られる。そしてバルディーズの港から、タンカーによって各地に運ばれる。

一九八九年三月二三日午後九時すぎにバルディーズ港を離れたエクソン・バルディーズ号は、およそ二〇万キロリットルの原油を積み、カリフォルニア州のロングビーチに向けて航行を開始、それから三時間もたたないうちに、本来の航路の東側にあるブライ岩礁に座礁した。

バルディーズの港は、プリンス・ウィリアム湾のなかの、さらに奥深い入江の奥に位置する。そこからプリンス・ウィリアム湾そのものに出るためには、幅二キロに満たないバルディーズ水路を慎重に越えなければならない。この水路を無事に越えたエクソン・バルディーズ号が、ちょうど速度をあげはじめていたときだ。

ちなみにバルディーズの町の西には、観光でもよく知られるコロンビア大氷河が海に流れこんでいる。この年、コロンビア氷河から崩れ落ち、海に流れでる氷塊の群れが例年より多く、バルディーズの港から出航する船はいつもより東側の航路をとっていた。エクソン・バルディーズ号は必要以上に東側を通行、そこにあるブライ岩礁に座礁した。船長の、飲酒を含むいくつかのルール違反など不注意の重なりが起こした事故だった。

流れだした原油は四万二〇〇〇キロリットル。そのとき吹いていた北東の風に乗って、プリンス・ウィリアム湾のなかでもとりわけ明媚で変化に富んだ島じまが集まる湾西側の海域を直撃した。二〇一〇年にメキシコ湾で原油流出事故が起こるまでは、史上最悪といわれつづけた原油流出事故によって、湾内にすむシャチ、ゼニガタアザラシ、ラッコ（写真2-8）、カワウソや多くの海鳥たちが直接命を落としたことはいうまでもないが、同時に後年まで甚大な影響を与えつづけることも予想できた。

以来、多くの生物学者がプリンス・ウィリアム湾の油汚染による野生動物への影響を調べ、さまざまな報告にまとめてきた。ゼニガタアザラシについていえば、一九八四〜九七年の間で六三パーセント減少したという報告もある。[11]

ただし、プリンス・ウィリアム湾のゼニガタアザラシは、この事故以前から個体数は減少傾向にあったため、どれだけが事故による影響で、どれだけがそうでないかを知ることは相当にむずかしい。しかし、甚大な原油流出事故がもたらしたものが、直接の油汚染だけでなく、食物連鎖を通して与える影響などを総合すれば、相当に大きいものであることは容易に想像できることだ。

写真 2-8　プリンス・ウィリアム湾のラッコ

一方、ぼくのほうは、現地の研究者や知り合いの漁師と連絡をとりつづけ、事故の影響からずいぶん回復したと知らされた二〇〇二年以来毎年（コロナ禍が起こる前の二〇一九年まで）この湾を訪れつづけ、明媚な風景とゼニガタアザラシを含む豊かな野生動物たちの世界を観察してきた。しかし、もし一九八九年の原油流出事故がなければ、この海がさらにどれだけの豊かさでぼくたちを魅了してくれたのかについて、一九八七年の取材時に見た風景とともに頭から離れたことはなかった。

ちなみに、この原稿を書いているのはまだ世界がコロナ禍の最中だが、おさまればプリンス・ウィリアム湾での観察は、ぼくが年齢的、肉体的にむずかしくなるまでつづけたいと思う。

◀次頁：船を係留するブイに休む
カリフォルニアアシカ（モントレー湾で）

第3章　カリフォルニアの海で

モントレーの町から

ぼくは、アメリカ、カリフォルニア州の太平洋に面したモントレーという町に滞在していた。サンフランシスコから南へ車で二時間ほどのところにあるこの町は、風光明媚な観光地であるとともに、大都市の近くにありながら多くの海の動物が観察できる場所としても知られている（地図3-1）。

その理由のひとつは、沿岸を北から流れる豊かな寒流カリフォルニア海流である。アメリカの太平洋岸はこの海流に洗われるため、緯度の割には海は冷たいけれど、海流がもたらす恵みで、多くのクジラやイルカ、アシカやアザラシが暮らす海でもある。

そしてもうひとつの理由は、モントレーの町が臨むモントレー湾の地理的な特徴にある。海底の状態を示す地図を見ると、深い海底渓谷が太平洋の沖からまっすぐ東方へ、モントレー湾を横断するように湾奥まで伸びる。こうした海底渓谷がある場所では、深い海の底から海面に向けて栄養分を巻きあげる

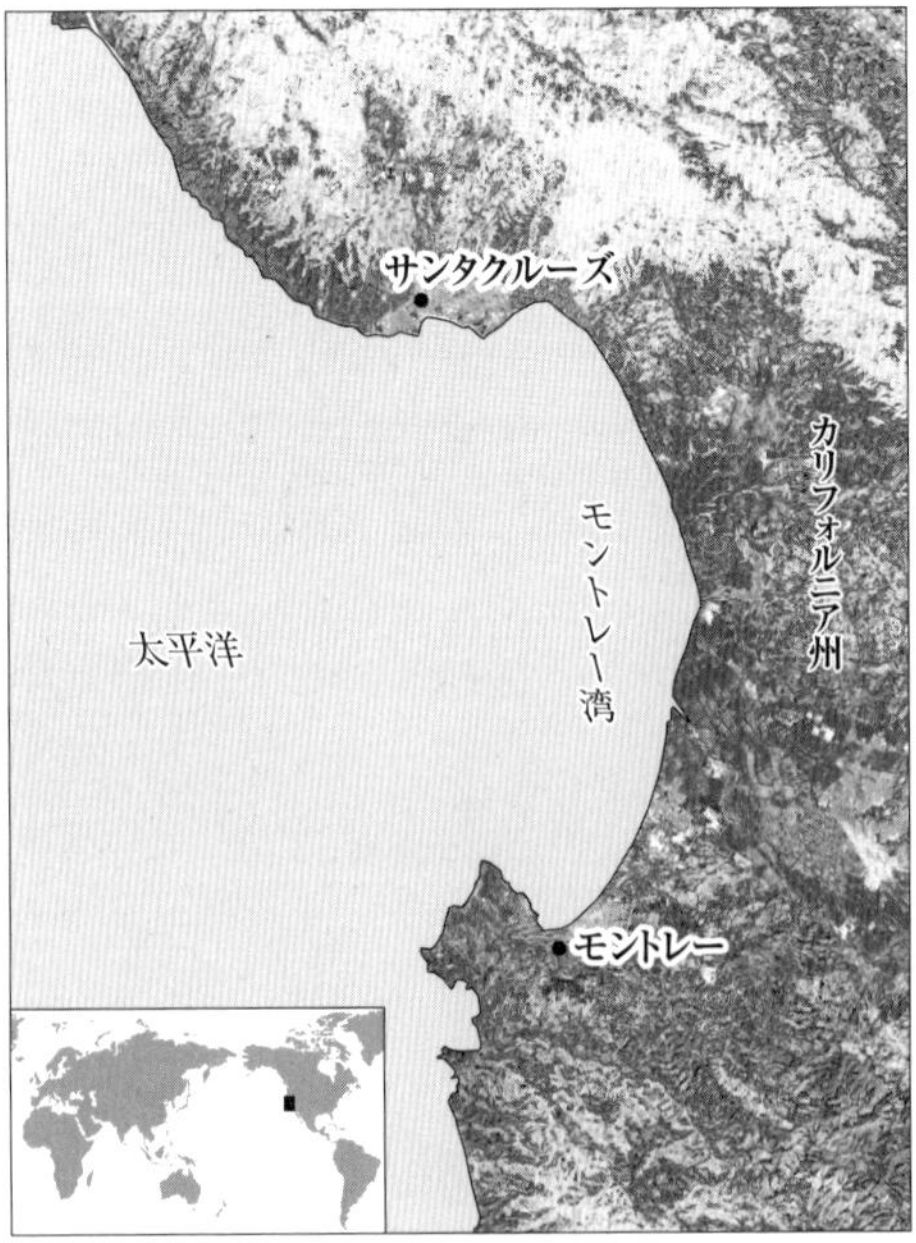

地図 3-1　カリフォルニア州モントレー湾

写真 3-1　海藻のジャイアントケルプを体に巻いて休むラッコ。アラスカ太平洋岸からアリューシャン列島にかけて分布するものとは別亜種に分類される

海の流れができ、そこに太陽光が降り注ぐことで、プランクトンが発生し、小魚の群れを集め、さらには巨大なクジラまでさまざまな海洋動物をひきつけるのである。

モントレー湾では、大海原を泳ぐクジラの姿を眺めて楽しむホエール・ウォッチングがさかんに行われている。しかし、こうした船に乗らなくても、瀟洒な家々が建ち並ぶ海岸通りを歩くだけで、さまざまな海洋動物を見ることができる。その代表格はゼニガタアザラシとカリフォルニアアシカだ。ともに日本の水族館でもよく見ることができる動物である。さらには沿岸にはジャイアントケルプと呼ばれる巨大な海藻が海中林をつくっており、そこで育まれるカニや貝、ウニなどを求めてラッコがすむ海でもある（写真3-1）。

もし海を眺めているときに、海坊主のような頭を海面から突きだしてうかがう動物がいれば、あるい

写真 3-2　港を囲む防波堤にカリフォルニアアシカが休む。背景はモントレーの町並み

は沖に浮かぶ岩礁に、（エビフライに似た格好で）頭と尾をもちあげて休む動物が目に入れば、ゼニガタアザラシである。

　少し沖で海面から顔を覗かせたときは、落ち着いてしばらくそのままの格好でまわりを見まわしているけれど、ときおり海岸や波打ち際に近いところで顔をあげたとき、近くにいる人の影に驚いて、大慌てでふたたび海中に消える光景を見ることもめずらしくない。

　アラスカの沿岸水路や氷河でも見たのと同じ種だが、アラスカでは多くが淡い褐色の体に濃い色の斑点を散らす「明色型」だった。一方、アラスカ沿岸からカナダ沿岸へ、さらにアメリカ本土の太平洋岸に沿って南に旅をしながらゼニガタアザラシを観察すれば、明色型から、北海道で見られるような濃い色の体に白い楕円形の模様が散在するために、〝銭形〟と呼ぶにふさわしい暗色型のものが割合として増えていく。そして、モントレー湾あたりでは、相当数が暗色型になる[1]。

彼らは、ときにはぼくたちが歩くことができる桟橋の下を泳いだりもする。そのときには、銭形模様もしっかり見ることができるし、後肢を左右に振るように泳ぐさまも見てとることができる。

もう一種、カリフォルニアアシカのほうは、さらに簡単に見ることができる。大小さまざまなヨットや観光船が繋留されているモントレー港を訪ねてみれば、港を仕切っている防波堤の上にびっしりとかたまってすごしており、ときには港のなかに浮かんでいる小舟やブイの上にあがって休んだり、ひれ状になった前肢で体を掻いたりする姿を見せてくれる。日本で暮らすぼくたちには、こんな大都会で大型の野生動物の群れを見ることができることに驚くばかりだ（写真3-2）。

アシカ・アザラシはどんな動物か

ここでアシカやアザラシとはどんな動物かを、紹介しておきたい。

アシカやアザラシは、海洋で暮らすことにあわせてひれ状になった四肢をもつために「鰭脚類《ききゃくるい》」と呼ばれる。鰭脚類は、食肉目のなかのひとつの亜目「鰭脚亜目」として位置づけられている。「海生哺乳類」という言葉もしばしば用いられるが、これは鯨類と鰭脚類、海牛類（ジュゴンやマナティーを含む）に、ホッキョクグマとラッコを含めて用いられるのが常だ。

さて、鰭脚類（亜目）は——これが本書で紹介する動物たちだが——セイウチ科（現生種はセイウチ一種）、アザラシ科、アシカ科（「○○オットセイ」と呼ばれるものはアシカ科に含まれる）の三科に分けられる。そのなかのアザラシ科は、北半球に分布するゴマフアザラシ亜科（タテゴトアザラシやゼニガタアザラシを含む）と、おもに南半球（南極まで含む）に分布するモンクアザラシ亜科に分けられる。

一方、アシカ科については、以前はアシカ亜科とオットセイ亜科に分けられていたが、現在では両者が系統的に分けられるものではないことが明らかになっている。

アザラシとアシカの違い

では、アザラシ（科）とアシカ（科）の違いはどこにあるのか。幸いモントレーにいれば、ゼニガタアザラシとカリフォルニアアシカの両方をあわせて見くらべることができて都合がいい（写真3-3、3-4＝アシカ科、3-5、3-6＝アザラシ科）。
① アザラシの仲間は、タテゴトアザラシでも見たように、氷上（あるいは陸上）で腹這いになって腹部の筋肉の動きで這い進むのに対して、アシカの仲間は、たとえ四肢がひれ状になってはいても、四肢を使って歩き、ときには相当な速度で走ることもある。上陸する島や岩礁の急角度な斜面を登ることもある。モントレー港の防波堤に群れるカリフォルニアアシカを見ても、彼らは寝こんでいるというよりは、前肢を立ててイヌが座るような格好をとっている。
また、ひれ状になった四肢は、アザラシは毛でおおわれているけれど、アシカでは毛におおわれるのは四肢のつけ根までで、その先は皮膚が露出している。

写真 3-3　前肢で体を支えるアシカ科のトド。小さいながら耳介も見える

写真 3-4　ひれ状の前肢で力強く水をかいて泳ぐオーストラリアアシカ

写真 3-5　腹這いになって氷上や地上を進むアザラシ科のゼニガタアザラシ

写真 3-6　ひれ状の後肢を左右に振って泳ぐゴマフアザラシ

さらに、アザラシ類の前肢では（ワモンアザラシで紹介したように）鋭い爪が突きだしているのに対して、アシカの仲間の前肢では、爪が突きだす穴はあるものの、わずかに爪の先が見える程度か、それさえ見えない場合が多い。

② アザラシは頭部の外に突きだした耳介をもたないから、海面から顔を覗かせると、海坊主のように見える。それに対してアシカでは、小さいながら三角形に突きだした耳介を見ることができる。

③ もうひとつ大きな違いは泳ぎ方だ。最近は多くの水族館で、ガラスやアクリルごしに動物たちの水中での姿を観察できるようになっている。そうした場所でぜひ観察していただきたいが、アザラシではけっして長くない前肢を脇腹にぴったりとつけて、後肢を左右に振って泳ぐ。それに対して、アシカでは比較的長い前肢を使ってオールのように水をかいて泳ぐ。後肢は舵とり役に使われる程度だ。

ちなみに、（アザラシとアシカの違いではなく）鰭脚類全体がもつ大きな特徴のひとつとして、受精卵がすぐに着床せず、その間成長を止める「着床遅延」をあげておかなければならない。アザラシ科とアシカ科では、授乳期間の違いは大きいとはいえ、ともに雌は、出産後から一週間〜一か月程度で交尾をする。そのときに宿した子は、翌年の同じ季節に誕生する。

しかし、彼らのじっさいの妊娠に必要な期間は八〜九か月。そこで、着床を遅らせ受精卵の成長を二〜三か月停止して、見かけの妊娠期間を一一か月ほどにすることで、同じ季節に出産することになる。

カリフォルニアアシカの繁殖地で

カリフォルニアアシカは、アメリカ、カリフォルニア州の太平洋岸からさらに南へ、メキシコ、カリフォルニア半島の太平洋岸と、カリフォルニア半島の東側に広がるカリフォルニア湾に広く分布する。もう三〇年近く前のことだが、ぼくはメキシコ大学の研究者たちと、カリフォルニア湾にあるカリフォルニアアシカの繁殖地で、三週間にわたって彼らの繁殖期の生態を観察し、撮影した。

南北一三〇〇キロにわたって伸びるカリフォルニア半島によって太平洋から仕切られたカリフォルニア湾は、きわめて豊かな動物相を擁する海として知られている（地図3-2）。

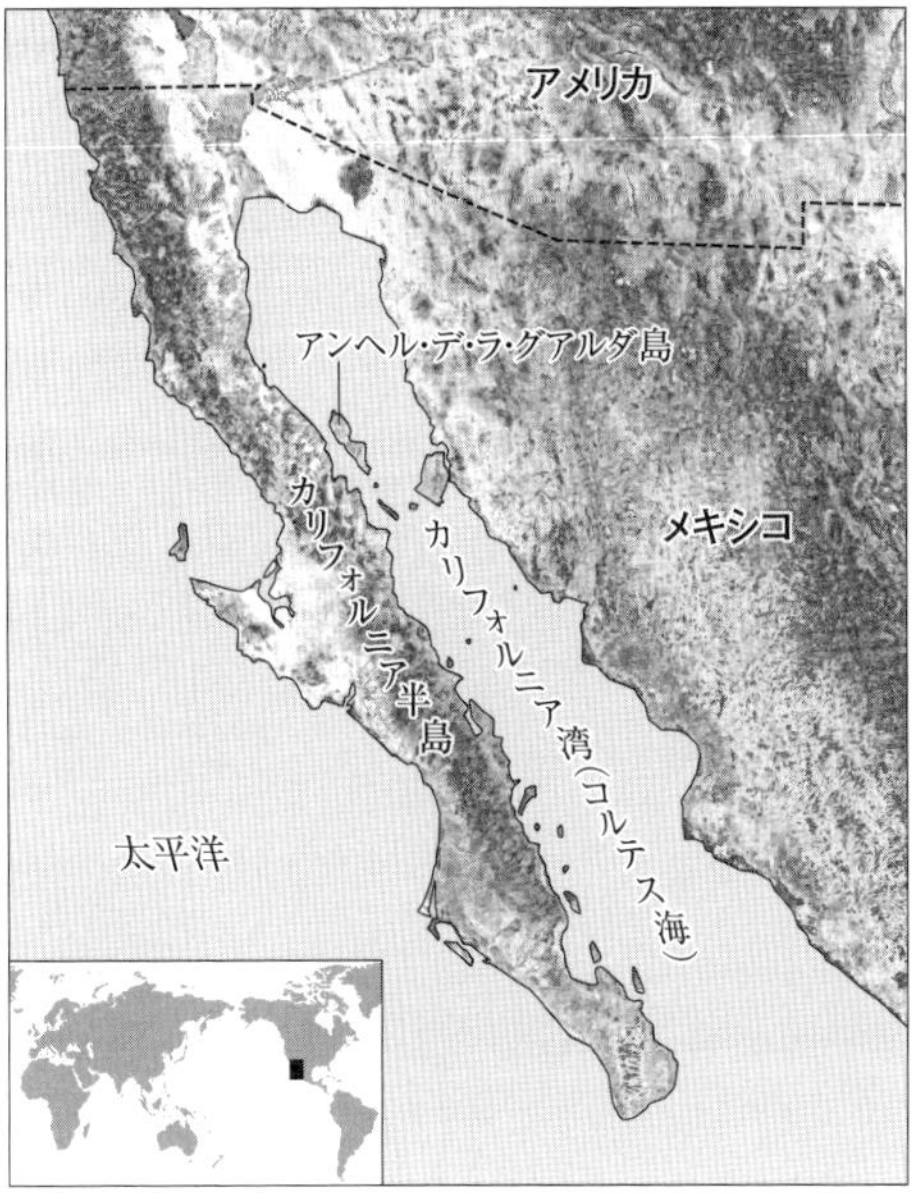

地図 3-2　メキシコ、カリフォルニア半島とカリフォルニア湾

南北に細長いこの湾に、満ち潮に乗って太平洋から流れこむ海水は一気に湾奥をめざす。そして、湾の最奥で盛りあがった海水の塊は、今度は反動をつけて流れだそうとする。こうしてゆりかごのように大きく揺れる海水の動きは、湾の最奥で最大八メートルに達する干満の差をつくりだす。

湾内を揺れ動く海水は、散在する島じまにぶつかってかき乱される。こうして、断層によって形成された深い海の底から栄養分が巻きあげられ、そこに亜熱帯の強烈な太陽が照りつけると、海中にプランクトンを発生させ、それが多くの海洋動物を集める。そのためにこの湾には、多くの巨大なクジラの仲間やカリフォルニアアシカが数多くすみついている。

カリフォルニア湾は、かつてのスペインからの征服者エルナン・コルテスの名に因んでコルテス海とも呼ばれる。ちなみに、コルテスに従って一帯を探索した航海者フランシスコ・デ・ウロアは、この海を「赤い海」と呼んだ。いまでも大潮や時化で海水がふだん以上にかき混ぜられたあとには、海面を赤く染めるほどに、濃密にプランクトンが発生することがある。

カリフォルニア湾にある島のなかで最大の島は、カリフォルニア湾の北部に位置するアンヘル・デ・ラ・グアルダ（「守護天使」の意味）という南北八〇キロの島だが、この島とカリフォルニア半島は幅二〇キロほどのクジラ海峡で隔てられている。「クジラ海峡」と呼ばれるようになったのは、ここでナガスクジラが頻繁に見られるからだが、それだけこの島のまわりの海が豊かであることを示している。カリフォルニア湾のなかでカリフォルニアアシカ最大のコロニーもこの島にある。

カリフォルニアアシカは、繁殖期になると力のある雄が海岸になわばりを構え、そこに雌たちが集まって出産、子育てを行う。そのようすを、ぼくたちはアシカたちの暮らしを妨げることがないように、海岸の背後の丘の陰に姿を隠しながら観察しようという計画である。テントを張るのにふさわしい海岸から、毎朝丘を背後から登って観察地に出向き、海岸を見下ろす格好で夕方まで観察してキャンプに戻る。

写真 3-7　多くの雌が休む海岸をパトロールするカリフォルニアアシカの雄

カリフォルニア湾の海中は豊かだが、カリフォルニア半島や散在する島じまの地上はほとんど降雨はなく、わずかな灌木類が茂るだけの乾いた焦熱の地である。炎天下に観察をしつづけるのは、相当に重労働である。毎日照りつづける太陽を眺めながら、ときに日が陰ってくれないかと祈るものの、見上げれば変わることなく目映いほどの無窮の空が広がるだけだ。

ぼくたちが観察するまわりでも、太陽が高くなるのにあわせて、急激に温度があがりはじめ、遠くの風景は陽炎のなかに揺らぎはじめる。そのなかで、丘の陰から見下ろす海岸には、多くの褐色の塊がぎっしりと寝ころんでいる。そのひとつひとつがカリフォルニアアシカで、その間でひときわ大きく、体色も濃い個体が雄だ。長くつづく海岸線を見わたすと、ちょっとした岩や海岸のわずかな窪みを境にして、それぞれの雄がなわばりを構えている（写真3-7）。

雄の姿をじっくり見れば、頭部が大きく盛りあがり、その部分の毛が銀灰色になっている。カリフォルニアアシカの成熟した雄の証しである。彼らは、吠え声をあげながら、自分のなわばりを主張するように動きまわる。彼らのなわばりは、海岸に直接つながる海のなかにも構えられており、ときおり海に入ると、同様に吠え声をあげながらあたりを泳ぎまわる。となりあう雄どうしは、おたがいのなわばりを守っている限り、大きな喧嘩にはならない。

群れで暮らすアシカたち

じつは、ここにもアザラシとアシカの暮らしぶりの違いが表れている。

アザラシ科のなかには、（ハワイ諸島にすむハワイモンクアザラシやカリフォルニア沿岸にすむキタゾウアザラシのように比較的低緯度に生息するものもいるが）多くは北極海や南極海の海氷が広大に広がる場所を生息域にするのに対して、アシカ科の多くはそれよりは低い緯度に分布する。

アシカもアザラシも、繁殖期と、繁殖期のあとに迎える換毛の時期には、陸上か氷上ですごす必要があるが、アシカ科のものが多く生息する緯度では、もし大陸の一部であれば付近に陸生の捕食者が必ず生息する。したがって繁殖地には、陸側から捕食者が接近しにくい崖の下や、切り立つ岬や岩場で隔絶された海岸が選択される。沖に浮かぶ岩礁や、大陸から遠く離れた僻遠の島じまであることも多い。いまぼくたちがカリフォルニアアシカを観察するカリフォルニア湾の島も、まさにそうだ。

こうした場所は、北極海や南極海の海氷の広がりにくらべれば、空間は絶対的に限られる。とすれば、繁殖に好都合な場所には、必然的に多くの個体が集中する暮らしになる。アザラシの多くが、広大な海氷上で分散してすごすのとは対象的だ。

このことは、彼らがどんな形で繁殖するかにも影響を与えずにはおかない。アシカ科の多くのものでは、力のある雄が海岸になわばりを形成し、そこに多くの雌が集まる集団がつくられる。アシカ科の多くが、成熟した雄が雌よりも一段と大きな体になる「性的二型」を示すのもそれ故だ。カリフォルニアアシカでは、雄は体長二・四メートル、体重三九〇キロに達するのに対して、雌はせいぜい体長二メートル、体重一一〇キロ程度である。[2]

「性的二型」とは、雄と雌が大きくその形態を異なることをいう言葉である。シカの仲間では雄が巨大な角をもったり、クジャクでは雄がみごとな羽をもったりするのはその例だ。

「性的二型」を示す動物のなかには、雌が雄にくらべて極端に大きいものもいるけれど、上記のように雄の体がひときわ大きかったり、めだつ体の器官をもっている動物では、多くが一夫多妻型の繁殖を行う。雄たちはより多くの雌をひきつけるために、より〝魅力的〟な角や羽を備えたり、力強さを示すために大きな体をもったりする。北極海の海中に響いていたアゴヒゲアザラシの声も、そうした例のひとつである。

＊

雄が雌にくらべて体がひときわ大きいカリフォルニアアシカも、もちろん一夫多妻型の繁殖を行う。

しかし、いまぼくたちが目にする雌たちが、そこになわばりをもつ雄との間で子をもうけるかどうかは別問題である。

このあと紹介するアシカの仲間のなかには、雄が構えたなわばりのなかに雌を囲いこむようにして、そこにいる多くの雌と子をもうけようとするものもある。しかし、これには雄に膨大なエネルギーが求められる。彼らは、繁殖期には自分は食べることをしないで、ひたすらなわばりとそのなかにいる雌を守りつづけ、接近するほかの雄と闘いつづけなければならない。そのために、体力が衰える繁殖期の後半には、新参の雄にそのなわばりの主の座をとって代わられる例も数多く発生する。

カリフォルニアアシカも分布域の北のほう、つまりはアメリカの太平洋岸で繁殖する個体群では、雄がなわばりとそこにいる雌を守ろうとすることが知られている。しかし、ここカリフォルニア湾で繁殖するカリフォルニアアシカでは、少し事情が異なる。

雄が自分のなわばりを守るのは同じだが、雌たちは複数の雄が構えるなわばりの間を自由に行き来する。雌たちがそうすることを、雄は妨げない。

雌たちは複数の雄がつくるなわばりの間を動きまわりながら、気にいった雄と子をもうける。そのとき雄に求められるのは、雌がより自分のなわばりにとどまってくれたり、多くの雌が自分を受けいれてくれるようにするために、たとえば炎暑を避けることができる日陰を提供してくれる岩陰があったり、体を冷やすのに海に入りやすい場所があるといった、〝一等地〟になわばりを構えることだ[3]。

カリフォルニア湾のように暑い場所ですごすアシカたちは、ときおり水に入って体を冷やさなければならない。じっさいに海岸から目を移して、その先の海面を眺めると、多くの雌アシカたちがかたまってぽっかりと浮かぶ姿が見える。そのため、そこをなわばりに構える雄は、吠えながらその場所にも訪れることを怠らないけれど、陸上だけを守るのにくらべてさらに大きな労力が必要になるからだ。

ちなみに、近くでなわばりを構える雄たちは、雌をめぐってはライバルどうしなのだが、カリフォルニア湾で繁殖するカリフォルニアアシカの雄どうしは、ときに協力関係を築くときがある。

アシカの繁殖期が少し進んで子どもたちが生まれ、さらに子どもたちが少し成長して水際で遊びはじめる時期になると、沿岸にサメが頻繁に姿を見せるようになる。こうしたサメを追い払うのも雄アシカの役割だが、ときに巨大なサメを相手にしなければならないとき、近くにいる雄たちがこぞってサメを追い払う光景も観察されている。

カリフォルニアアシカの出産

ある日、早朝から観察をはじめたときだ。まずは双眼鏡やカメラの望遠レンズを使って、一頭一頭のアシカのようすを確かめていく。

そのとき、多くの雌がかたまって休む場所から少し離れて、一頭の雌が独り横たわるのが見えた。とりわけ気になったのは、まわりにカモメたちが群れていたからだ。

「青空や大海原を背景に群れ飛ぶ白いカモメ」は美しい光景の代名詞でもあるけれど、なかなかに悪食の鳥でもある。このカリフォルニア湾でも、カッショクペリカンやカツオドリといったほかの鳥たち

写真 3-8　生まれた子どもを匂いで確認する

が育てるヒナをカモメが奪いとる光景は何度も目にしてきたし、海岸に動物の死体があれば、まずまちがいなくそれをついばみにカモメが集まってくる。

それまで動きをとめていた雌のアシカは、ふいに自分の体の後方を眺めるようにふりかえった。そして、まわりに群れるカモメを威嚇して追い払う。カモメのほうは一瞬羽ばたいて後ずさりするものの、またすぐに雌アシカに接近してくる。

雌アシカの体の調子が悪いのかと思ったけれど、そうではないことがすぐに明らかになった。まもなく彼女の後肢の間から白っぽい膜のようなものが現れたからだ。雌アシカは妊娠しており、まもなく出産を迎えようとしていたのである。白い膜は、胎児を包む羊膜である。

そのころ、太陽はまだ水平線にのぼったばかりで、日中の暑熱とは異なり、風が吹けば涼しいくらいだ。三週間にわたる観察で、けっきょく三度の出産に出会えたけれど、そのいずれもがまだ涼しい早朝に行われた。

やがてカモメたちの動きが一段と激しくなりはじめる。それにあわせて、雌アシカはより頻繁にカモメを追い払う動きをしなければならなくなった。なにもしなければ、遠慮ないカモメたちは、生まれてくる赤ちゃんを狙いかねないからだ。

母親の後肢の間では、さらにはっきりと羊膜が現れはじめた。そして、それが包むものが黒い物体であることが見えはじめた。さらに時間とともに、破れた羊膜の間から、たたまれた黒いひれが突きだしてくる。

ぼくたちが観察する場所から距離があるために、双眼鏡を使ってもその細部までをはっきりと見ることはむずかしいが、赤ちゃんアシカの後肢であることはわかった。このときは後肢からの出産になったけれど、同行する研究者によれば、頭から生まれる場合もあるという。

赤ちゃんの体が見えはじめると、カモメたちの動きはいっそう激しくなった。そして、彼らから赤ちゃんを守ろうとする雌アシカも、頭を頻繁に後方に向けて吠え、群がりはじめたカモメを追い払わなければならなかった。

羊膜が破れ、見えはじめた赤ちゃんは黒い新生児毛をまとっている。濡れた体には破れた羊膜がまとわりつき、まわりの地面は羊水と血で濡れているのがわかる。最初に羊膜の端が見えはじめたときから、すでに三〇分ほどが経過している。

ぼくたちは息を殺し、なりゆきを見守るだけだ。弓を引きしぼり、矢を放つときを待つかのような緊張感が、観察するぼくたちの間にも漂いはじめていた。

時間とともに、母アシカの後肢の間で赤ちゃんの体のより多くの部分が見えはじめたかと思うと、最後は一気に誕生を迎えた。

母親は赤ちゃんに向きを変え、顔を近づける。双眼鏡を覗く限り、匂いをかいでいるようにも、赤ちゃんの体に鼻先で触れているようにも見える。こうして母親が向きを変えたことで、カモメたちが赤ちゃんを狙いにくくなったことはたしかだ（写真3-8）。

赤ちゃんが最初にどんな声を出すのかを聞きたかったけれど、カモメたちの嬌声と波の音にかき消されて聞きとることはできない。しかし、すぐに赤ちゃんの体が小さく動くのが見えた。

赤ちゃん自身の動きのためか、母親の手助けのためか、黒い体にまとわりついていた羊膜はやがてはげ落ちて、黒一色の毛皮に変わった。母親は頻繁に鼻先を近づける。このあとおよそ一〇か月にわたって母子の関係はつづくけれど、その間は声と匂いでたがいを確かめあう。そのための基盤がいま築かれているのだろう。

そばには出産したあとの血の塊と後産が残されていたが、やがて何羽かのカモメが、くわえながら海岸の奥に引きずっていった。

観察するぼくたちの緊張感も、ここでふと和らいだ。空を見上げると、いつのまにか強烈な光を投げかける太陽が鋼青の空に浮かんでいた。これから一気に、燃えるような日中の日射しに変わっていく。

アシカたちの子育て

この日から雌アシカは母親としての暮らしがはじまる。なによりの仕事は、赤ちゃんに乳を与えることである。

アシカやオットセイの仲間は、概して大人たちが褐色であるのに対して、新生児は真っ黒の毛で包まれている。カリフォルニアアシカの新生児は、体長七〇センチ、体重六キロ程度だ。

母親は授乳を促すように、腹部を赤ちゃんに向けると、赤ちゃんはまだ拙い動きで乳首を探しはじめた。赤ちゃんがうまく乳首を探しだせないときには、母親が何度も自分の姿勢を変えて見せたりもした。アシカの仲間では、母親の腹部に二対（四つ）の乳首があるものの、一産一子（きわめて稀には双子が報告されている）。そのために、赤ちゃんは、こっちの乳首、あっちの乳首と姿勢に応じて吸いわける。

しかし、一方で邪魔者も入る。悪食のカモメたちが母子のまわりに集まってきて、ややもすれば鋭いくちばしで赤ちゃんの体をつつきかねない。そのために、母アシカは接近する気配のあるカモメたちに向けて必死に体を動かしながら、威嚇しなければならない。そして、そのたびに赤ちゃんは、母親の乳首をくわえなおすことになる。

こうして出産した母アシカは、最初の一週間ほどは継続して赤ちゃんといっしょに海岸にとどまって授乳をつづける。そのあとは、海に餌とりに出かけては、また海岸に戻ってきて赤ちゃんの面倒を見るということを繰りかえす。

太平洋岸に生息するカリフォルニアアシカでは、母親の餌とり旅行は二〜三日におよぶ場合もあるけれど、カリフォルニア湾のものはときに数時間、長くても一日ほどで赤ちゃんのもとに帰ってくる。それだけ、カリフォルニア湾が豊かで餌をとりやすいということだろう。こうして母アシカがとった餌は、自分のエネルギーになるとともに、赤ちゃんに与えられる乳にもなる。

たとえ数時間であれ、母親が海に餌とりに出かけている間は、幼い赤ちゃんはひとり海岸で母親の帰りを待たなければならない。このときもまた、カモメが厄介な敵になる。なかには赤ちゃんアシカの背後から、体をつつくものも出てくる。

赤ちゃんアシカは、「メエメエ」とヒツジに似た鳴き声をあげながら逃げまわるだけだ。ときに、たまたま近くにいる別の雌アシカがカモメを追い払ってくれることもあるけれど、その雌アシカがほかの子の面倒を見てくれるわけではない。別の雌アシカに近づきすぎたなら、氷上のタテゴトアザラシでも目にしたように、赤ちゃんアシカもまた冷たく追い払われるだけだ。

*

島でのカリフォルニアアシカの繁殖期と、ぼくたちの観察が進むにつれて、海岸に見える赤ちゃんアシカの数は増えていく。それだけ、つぎつぎに出産が行われているわけだが、さらに日数が進めば、母親は餌とりに出かけ、海岸に残される黒く小さなアシカの姿が多くなっていく。

あるものは、おなかがすいたのか母親が恋しくなったのか、「メエメエ」と声をあげる。鳴きつづける赤ちゃんアシカを双眼鏡で眺めると、黒い体のなかで、口内の赤だけがやけに鮮やかに見えた。

　ふいに、赤ちゃんの声にくらべて力強い声が、海から聞こえはじめた。声がする方角に目をやれば、一頭の雌アシカが波打ち際より少し沖で、海面から体を突きだし、さかんに声をあげている。雌アシカは、海面から伸びあがるように海岸のほうを眺めながら、声をあげつづける。海岸では、その声に呼応するように、一頭の赤ちゃんアシカが海に向かってか細い声をあげはじめた。

　雌アシカは海での餌とりから帰ってきた母親で、海岸のどこかにいるはずの自分の子を探している。そして、子のほうは母親が帰ってきたことを知って、母親に自分の所在を伝えている。

　この観察のあと、当時交流をさせていただいていた先輩の鰭脚類研究者の新妻昭夫さん（故人）と話をしていたときのことだ。「大きな群れのなかで、母親も子もよく自分の子や母親の声がわかるものですね」とぼくがたずねたとき、「わたしたちもどんな人ごみのなかでも、もし自分の子どもが声をあげれば気づくじゃないですか。そんなものですよ」と答えられた。じつにわかりやすいたとえと納得したのを覚えている。

　こうして母子は呼び交わしながら、母アシカは赤ちゃんのもとに帰っていく。そして最後に、二頭は鼻先を突きあわせた。こうして匂いによってたがいを確かめあうと、ようやく授乳がはじまるのだった。

　母アシカが赤ちゃんのもとにとどまるのは、丸一日くらい。おそらく翌日には、母親はまた餌とりに出かけるだろうが、それまでは赤ちゃんアシカには、カモメの心配もなく求めれば与えられるおっぱいもある安寧の時間がつづく。

写真 3-9　子どもを泳ぐ練習に誘うカリフォルニアアシカの母親

泳ぎの練習がはじまった

ある朝、海岸の一隅で母子の興味深い行動を見た。赤ちゃんアシカのほうは、生まれてすぐには見えなかったから、おそらくは母親が餌とりから帰ってきて子とすごしているときのことだろう。

岩場の海岸で、プールサイドのようになった角ばった岩が海に突きだしている。その岩に上に子アシカが、水のなかには母親がいて、たがいに対峙しあっている。母親がさかんに声をかけ、子アシカもそれに応じる。しかし、母親が海での餌とりから帰ってきたときとはようすが明らかに違っていた（写真3-9）。

声をかける母親がゆっくりと体を翻し、沖に向かって泳いではふりかえる。しかし、子アシカはその場で声をあげるだけだ。

母親は、自分についてこない子アシカを見て岩のそばまで引き返し、ふたたび声を交わしあう。こうしたことを何度か繰りかえしたあとだ。母親は子アシカの首筋をくわえて、海のなかに連れだした。

子アシカにとっては、はじめての海だったのだろう。母親にくわえられたまま海のなかを連れまわされて、必死に鳴きつづける。そしてようやく母親が口を離すと、ばたつきながら拙い泳ぎで岩に戻りはじめた。

子アシカが岩にたどり着こうとするころ、母親はふたたび子アシカの首筋をくわえて少し沖に連れだす。そこでふたたび自由にされた子アシカは、か細い声をあげながら懸命に岩をめざす。こうして母親は、子アシカに泳ぐ練習をさせていた。

その後母親は、子アシカの首すじをくわえたまま、ひとしきり潜って泳いだりもした。子アシカも、水中に連れこまれる。母子がふたたび海面に現れたときには、子アシカはいままで以上の形相で鳴きつづける。母親は本能的に、どれくらい水中に潜っていても子アシカが大丈夫なのかを知っているのだろう。

子アシカがようやく解放されたのは、海岸の岩場からずいぶん離れた海面である。近くの海面には、母親の背が浮かんでいる。

子アシカは海岸に向かうより、母親の背に這いのぼることを選んだ。すると母親は今度は潜ることなく、背を海面に見せたまま、ゆっくりと海岸に向けて泳ぎはじめた。そして海岸近くで背から子アシカを下ろした。

子アシカは目の前にある岩場に向けて、必死に泳ぎはじめる。しかし、そのときは最初に強制的に海に連れだされたときにくらべれば、すでにいくぶん慣れた泳ぎに見えた。こうして岩場にたどり着いて、この日の水泳訓練は終わったのである。

カリフォルニアアシカは、授乳を一〇か月近くつづけるのが常だ。しかし、その間子どもはずっと母親の乳だけで育つわけではなく、生まれて数か月すれば自分でも海での餌とりを学びはじめる。そのために、早いうちから——ときには生まれて数日目から——母親は子に泳ぐ練習をさせるのである。

じつはここにも、アザラシとアシカの暮らしぶりの違いがある。

アザラシでは、出産すると集中的に脂肪分に富んだ栄養分を与えて、短期間(ズキンアザラシの四日間から、南極のウェッデルアザラシなどの五〇日間と幅はあるが)で成長させて乳離れをさせる。その間、多少の例外はあるが母親は自分では餌をとらず、ひたすら授乳を行う[4]。

アシカにくらべて概して大柄で、脂肪をたっぷりと蓄えた丸丸としたアザラシの体が、そうした子育てを支えている。とはいえ、自分は食べることなく授乳をしつづける母親は、その間に体重の三分の一を失うことはめずらしくない。

一方、アザラシほど体に脂肪を蓄えていないアシカの仲間では、子が乳離れするまで自分が絶食して、子の面倒を見つづけることはむずかしい。そのために、カリフォルニアアシカで見たように、子の誕生から一週間程度は継続して子の面倒を見るものの、それ以降の母親は、海での餌とりと繁殖地に帰ってての授乳を繰りかえすため、子が完全に乳離れするまで、ときに一年近く時間がかかることもある(ただし、乳離れまで長くかかるアシカでは、その途中から子は自分で餌とりを学びはじめるのが常だ）。

＊

こうして繁殖期を無事に終えると、太平洋岸に生息するカリフォルニアアシカたちは、季節にあわせて餌の多い海域に移動することが多い。しかし、カリフォルニア湾は豊かな海で一年中餌をとるのに不自由することはなく、アシカたちも遠くまで回遊をする必要はない。

カリフォルニア湾はどの季節に船で旅をしても、そこここの岩礁にカリフォルニアアシカの姿を見ることができる海である。それは、彼らにとってあわただしい繁殖や子育てに関わる活動から解放されて、この豊かな海でゆっくりと餌をとりながら暮らす姿でもある。

ふたたびモントレー湾で

ふたたびモントレー湾で、ぼくはホエール・ウォッチングのための観光船に乗っていた。先に紹介したようにモントレー湾は、ザトウクジラや巨大なシロナガスクジラが観察できるために、ホエール・ウォッチングの観光船が数多く出ている海である。そして海に出て観察できるのは、こうした大型のクジラだけでなく、マイルカやカマイルカ、ハナゴンドウといったイルカたちと、海に泳ぎでて魚群を追うカリフォルニアアシカたちである。

船は前方の海面にあがったクジラの潮ふきを見つけて、船足を速めたところだった。いくつかの潮ふきがたてつづけにあがったのは、そこに餌になる小魚の群れ——おそらくアンチョビーだろう——があるからだ。

やがて、先に潮ふきがあがったと思われるあたりにたどり着いて、船はいったん船足を止めた。いま海面になにも見えないのは、クジラが海中に潜っているからだ。それでも、このあたりで静かに待てば、やがてザトウクジラが浮上してその巨体を見せてくれるはずだ。

こうして船を波に漂わせて数分待ったときだ。ふいに海面がざわめいたかと思うと、一群のカリフォルニアアシカが海面に姿を見せた。そのあともカリフォルニアアシカはつぎつぎに浮上して、ついには数百頭が濃密な塊になって海面をおおいつくした。

海面を埋めつくすカリフォルニアアシカの群れが、大河のように流れていく。あたりには彼らが呼吸をする「プッ」という音が重なりあい、彼らがあげる飛沫で大気さえ白くかすんで見えるほどだ。流れる風は生き物特有の生ぐささを運んで流れている。

おそらくカリフォルニアアシカの群れも、海中でザトウクジラと同じアンチョビーの群れを追っていて、潜水時間がザトウクジラより短いカリフォルニアアシカたちのほうが先に浮上したのだろう。

これだけ密集した動物の群れを見るのもめずらしい。ぼくは夢中になってカリフォルニアアシカの群れに望遠レンズを向けつづけていた。ファインダーのなかでは、海面で呼吸する一頭一頭の表情までを見てとることもできる。なかには、ひれ状の後肢で強く水を蹴って宙に飛びだしたり、イルカが跳ね泳ぐように海面を疾駆するものもいる。

そのとき、「ブシュー」と大気を震わせて強く潮ふきが噴きあげられる音が響くのを耳に、あたりを

写真 3-10　海中に群れるアンチョビーを狙うカリフォルニアアシカの群れとザトウクジラ

見わたした。カリフォルニアアシカの群れから少し離れた場所に、一頭のザトウクジラの黒く巨大な背が海面に浮上していた。

ザトウクジラはそのあと、ゆっくりと海面を泳ぎながら、浅く短い潜水をしたあとふたたび浮上して潮ふきをあげる。そのころには、カリフォルニアアシカの群れは、すでに海面で十分に呼吸をしたのだろう。つぎつぎに海中に潜りはじめ、それまでの喧噪が嘘のように海面には一頭の姿も見えなくなった。彼らは海中でアンチョビーの群れを追いはじめているはずだ。

一方、海面で何度か呼吸を繰りかえしたザトウクジラは、最後の浮上のあといままで以上に強く潮ふきをあげ、深く息を吸いこむと、背を大きく盛りあげ、最後に海面に巨大な双葉のような尾びれをもちあげて、一気に深みに潜りはじめた。彼もまたふたたびアンチョビーの群れを追いはじめるのである（写真3-10）。

こうして、このウォッチングクルーズでは、数百頭のカリフォルニアアシカの群れとザトウクジラが交互に呼吸のための浮上し、アンチョビーの群れに向けての潜水を繰りかえして行う光景を間近に観察することができた。それにしても、カリフォルニアアシカもザトウクジラもたがいの存在を気にかけるわけでもなく、それぞれが自分の餌とりに夢中になっていたけれど、わずかに例外があるとすれば、ときおり何頭かの好奇心の強いカリフォルニアアシカが、ザトウクジラが同時に海面にとどまっているときに、巨鯨のまわりを泳ぎ、ときには近くの海面で体を躍らせて戯れたことだろう。

それにしてもこのとき海中では、おそらくは巨大なビルほどの塊をつくっているアンチョビーの群れに、数百頭のカリフォルニアアシカや体長十数メートルものザトウクジラが突っこんでいくスペクタクルが演じられていたはずだ。願わくば、その光景をじっさいに自分の目で見てみたいと思うけれど、いつの日か科学技術の進歩がそれをかなえてくれるかもしれない。そのときまで、モントレー湾の環境が、そして世界の海の環境が大きく損なわれることがないことを祈るばかりだ。

アメリカでは一九七二年に海生哺乳類保護法ができて以来、カリフォルニアアシカは個体数を増やしてきた[5]。しかし、モントレーやサンフランシスコなど人口稠密地域に近い海に生息するものでは、汚染化学物質の体内への蓄積は常に懸念されるところでもある。

◀次頁：コマンドル諸島のキタオットセイ

第4章 コマンドル諸島

鰭脚類を観察する楽しみ

ぼくは長く、世界の海でさまざまなクジラの仲間（鯨類）を観察してきた。巨大なクジラが大海原を泳ぐ姿は、遠くから眺めるだけで惚れ惚れとするものである。そして、各地の海への旅の機会に、同時にアシカやアザラシを観察してきたことが、そもそも鰭脚類《ききゃくるい》に目を向けるきっかけになった。

アシカやアザラシは、巨大なクジラにくらべれば小さいとはいえ、動物全体のなかでは相当に大きい体をもっている。海の生態系のなかでも、頂点に近い生態的な地位を占めている。そのために、豊かな餌資源を必要とするクジラが多い海は、（もちろん海域によって種は異なるけれど）アシカやアザラシなど鰭脚類が多くすむことができる可能性を備えた海でもある。

こうして観察しはじめたアシカやアザラシたちだが、やがてクジラ以上に熱中させてくれる対象になった。鯨類の姿を直接目にできるのは、彼らが生きているうちのわずか数パーセントの時間、海上に姿を現して呼吸をするときだけであり、それ以外の時間はぼくたちの目が届かない海中ですごしている（水中観察ができる機会が稀にあるとはいえ、きわめてごく限られた場所と時間でしかない）。

それに対して、アシカやアザラシは一年のある季節なら、長い時間を陸上や氷上ですごすことで、双眼鏡や望遠レンズを使えば、余すところなく彼らの暮らしぶりを目にできる。さらに、そうした時期はきまって彼らの繁殖や換毛の時期であり、彼らの生態のなかでも重要なイベントが直接目にできる季節でもある。

この本で最初に紹介した、カナダ東海岸セントローレンス湾をおおう海氷上で行われるタテゴトアザラシの子育てや、灼熱のカリフォルニア湾で観察したカリフォルニアアシカの子育てはその最たる例だ。また、そうした僻地まで行かなくてもアメリカ、カリフォルニア州の沿岸なら、たとえばモントレーの町で体験したように、大都市の近くでも海岸に休むカリフォルニアアシカやゼニガタアザラシの姿を簡単に観察できるし、日本近海でも最終章で紹介するように、数種の鰭脚類なら観察はむずかしくない。

そしてもうひとつ、鰭脚類がぼくたち観察者の目を圧倒するのは、膨大な数の動物が密集して暮らす光景である。ちなみに密集して暮らす動物を観察したいと思えば、先に紹介したように、北極や南極の広大な海氷の上に分散して暮らすアザラシより、狭い海岸や僻遠の島じまに集まって暮らすアシカやオットセイがふさわしい対象になる。

コマンドル諸島へ

ロシア、カムチャッカ半島の東方一八〇キロの沖に浮かぶコマンドル諸島は、ロシアの探検家（デンマーク生まれの）ヴィトゥス・ベーリングによって偶然に発見された（地図4）。ベーリングは、ピョートル大帝の命のもと行った一七二七年からのオホーツク海探検で、カムチャッカ半島から北太平洋側から北へチュクチ海にぬけて、シベリアがそのままアラスカにはつながっていないことを確かめている。以来、シベリアとアラスカの間に広がる海は、ベーリング海と呼ばれるようになった。

その後一七四一年、ベーリングらはアメリカ大陸北部沿岸の調査をすべく彼のセント・ピョートル号と、僚船のセント・パーヴェル号がカムチャッカを出発する。しかし、出航してまもなく濃い霧と嵐でたがいを見失い、以降はそれぞれ単独での調査になるが、ベーリングらはアラスカの南岸に到着する。その後彼らは、アリューシャン列島に沿って西に進むが、途中嵐にあって漂流し、一一月に現在なら「コマンドル諸島」と呼ばれる諸島のひとつの島に漂着した。コマンドルとは「司令官」の意味で、具体的にはベーリングを指す。

このとき、多くの船員が壊血病になり、ベーリング本人も一二月には命を落としている。一方、残った船員たちは、嵐で壊れたセント・ピョートル号の残骸で小舟をつくって島を脱出、一七四二年の八月にはカムチャッカ半島の現在の州都ペドロパブロフスク・カムチャツキーにたどり着いている。

地図４　カムチャッカ半島の東方に浮かぶコマンドル諸島

写真 4-1　訪問した 1995 年当時、現地の博物館にあったステラーカイギュウの展示

このベーリングの二回目の航海は、ベーリング自身にとっては失敗に終わったが、コマンドル諸島やアリューシャン列島の自然について多くの記録を残している。その立て役者が、この航海に同行したドイツ人の医者であり博物学者であったゲオルグ・ステラーで、そのとき彼が書き遺した遺稿から『ベーリング海の海獣調査』『カムチャッカ誌』『ベーリング島誌』などが刊行されている。そのときに記録されたもので特筆すべきは、体長八メートルに達する巨大な海牛類（ジュゴンやマナティーの仲間）で、ステラーカイギュウと呼ばれるようになった動物である（写真4-1）。

ベーリング一行が漂着したとき、島のまわりには巨大なステラーカイギュウが群れ、穏やかに海草を漁っていた。人が近づいても逃げることなく、簡単に捕獲できたらしく、その肉が遭難隊の胃袋を満たしたことはいうまでもない。

コマンドル諸島と、そこにすむ巨大で、肉もおいしい動物の話題は、生き残った船員たちが帰国するとまたたくうちに話題になり、多くの猟師たちが訪れて乱獲がはじまる。とりわけ仲間が殺されたり、捕らえられたりすると、助けようと集まってくる習性がさらに災いした。

こうして、ステラーカイギュウは激減、一七六八年に最後に目撃されて以降、いっさい目撃されていない。発見からわずか二七年で、地球上から姿を消したことになる。

ステラーカイギュウを絶滅させたほんとうの要因はなにかを詳しく検証した研究もある。じっさいに利用するための狩り、あるいは捕殺もあったけれど、捕殺しながらじっさいに利用されないままにむだにされたものがあまりに多かったことが指摘されている[1]。それはかつての捕鯨でも、あるいはアザラシ猟やオットセイ猟でも見られたことであり、いまも世界中の海で限りなく起こっている混獲を考えれば、過去のものとして看過できる問題ではない。

ちなみにステラーは、この航海でラッコの毛皮ももち帰っているが、ヨーロッパではしなやかなその毛皮が評判になって、千島列島一帯でラッコの乱獲がはじまった。と同時に、同じ海域に生息するキタオットセイも毛皮と漢方薬の原料として乱獲され、個体数を激減させている（そのため一九一一年には、ロシア、日本、アメリカ、カナダの間で、ラッコとオットセイの持続的な利用と保護を目的に「オットセイ保護条約」が結ばれているが、これは野生動物の保護を目的にした世界でも最初の国際的な条約になった）。

またベーリング海や北太平洋の自然について多くの記録を残したステラーは、ステラーカイギュウ以外の動物にもその名を残すことになる。先にトドが英語でSteller sea lionと呼ばれることは紹介したとおりだが、日本で見られるアホウドリは、英語ではShort-tailed albatrossあるいはSteller's albatross、冬期に越冬のために北海道など北日本に飛来するオオワシはSteller's sea eagleと呼ばれる。

キタオットセイの繁殖地

いまコマンドル諸島を訪れても、もちろんステラーカイギュウが見られるわけではない。しかし、季節によっては（ステラーも記録に残している）もう一種の海に生きる哺乳類が、海岸を埋めつくす光景を目にすることができる。いまのコマンドル諸島の主役こそ、キタオットセイである。

キタオットセイは、ベーリング海や北太平洋に広く分布するが、最大の繁殖地はベーリング海でアラスカに近いプリビロフ諸島にある。ここでは、一九五〇年代には二〇〇万頭以上が繁殖のために訪れていた。その後、さかんに猟をされるとともに、先に紹介したようにアラスカのトドと同様に一九七六〜七七年に起こった北太平洋の海洋環境の変動によって減少、現在繁殖するのは六〇万頭ほどと見積もられている。その次に大きな繁殖地がコマンドル諸島で、二七万頭ほどが来遊する[2]。

ぼくは北太平洋の西側にあるキタオットセイの主たる繁殖地であるコマンドル諸島に、一九九五年九月、カムチャッカ半島、オホーツク海の自然を広く扱うテレビの特別番組に同行する形で訪れることができた。

キタオットセイは繁殖期がはじまる六月に、雄が海での回遊生活から島に戻って繁殖のなわばりを構

写真 4-2　コマンドル諸島の主島ベーリング島にあるキタオットセイの繁殖地

える。そして、雄に数週間遅れて雌たちが島に上陸して、出産を行う。九月といえば、母オットセイが子どもたちを育てている季節である。

じっさい、キタオットセイが子育てを行う海岸に立てば、ほんとうに数えきれないほどの数で群れている（写真4-2）。カリフォルニア湾で見たカリフォルニアアシカの繁殖地もずいぶん密集した印象があったけれど、なにより広がりが違う。広大に開けた海岸を埋めつくすようにキタオットセイが群れている。ちなみに、オットセイが多く群れる場所の近くには、動物たちから人間の姿を隠すことができる渡り廊下のような施設があり、そこから安心して観察することができた。

キタオットセイなら、前に北海道の沖合（繁殖期を終えたものが南へ回遊を行い、その一部が北海道や三陸沖で目撃されることがある）ですごす姿を見たことがあったが、陸上ですごす姿を目にするのはこのときがはじめてだった。通りすぎる船からではなく、ここでは落ち着いて観察できるし、動物との距離も海上にくらべればずいぶん近い。

ぼくは双眼鏡を使って、一頭一頭の姿の観察をはじめた。なにより体の毛が黒っぽく、毛足が長いため毛皮のさまがめだつ。このあと南半球で何種かのオットセイを紹介するけれど、彼らの体を包む毛は総じて長い。そのために「オットセイ」は英語でFur seal（「毛皮をもつアザラシ」の意）と呼ばれる。

キタオットセイの姿を眺めていてもうひとつ気づくのは、ほかのアシカ類とくらべて、鼻先の突きだし方が少なく、その先端が尖って見えることである。そのために額から鼻先にかけた線と、鼻先から喉にかけた線が三角形を形づくっているように見える。

いま海岸に見えるのは、ほんとうに数えきれない子どもたちと、その間を行き来する雌オットセイである。それに数は少ないけれど、ひときわ大きな雄が混じっている。多くの雌が集まる海岸になわばりを構える雄は、一夫多妻型で繁殖する多くのアシカ、オットセイ同様、雄が雌にくらべて体がずいぶん大きい（雌の体重が五〇キロほどであるのに対して、雄の体重は二七〇キロに達する）。

ぼくがコマンドル諸島を訪れた九月は、この年に生まれるべき子どもはほぼ生まれた時期で、海岸には数えきれない小さな子どもたちが群れている。あるものは、子どもたちだけで密集した群れをつくり、さらに小さい子どもは母親につき従われている（写真4−3）。

子どもたちが海岸を歩く光景を見るのは楽しい。キタオットセイは、すべての鰭脚類のなかで体の割にもっとも長い前肢をもち、あたかも大きすぎる服を着た子どもが、袖を余らせて走りまわるようにも

写真 4-3　集まって母親の帰りを待つ子どもの群れから、自分の子どもを探すキタオットセイの雌

見える。

一方、キタオットセイの雌（母親）は出産したあと、平均八日間ほど継続して子どもの面倒を見ると、最初の餌とりに海に出かけるようになる。そして、一週間ほどの餌とり旅行と繁殖地に帰って子どもに乳を与えることを繰りかえす[3]。いま自分たちだけで群れている子オットセイは、生まれてからすでに相当の日数が経過し、母親がすでに海に餌とりに出かけるようになった時期にあたる。

こうした群れのなかにときおり混じる親は、海での餌とりから帰ってきた母親だ。カリフォルニアアシカでも目にしたように、まずは声で大勢の子どものなかから自分の子どもを探しだし、最後はたがいに鼻先をつけあって確かめあう（写真4-3）。

一方、雌たちが出産を終え、その後に発情期を迎えたあとは、雄たちのこの繁殖地での役割はなくなってしまう。九月なら、早い雄ではすでにこの繁殖地を去って、海での餌とり生活をはじめているだろう。すべての雄が去るのも、そう遠くないだろう。

一方、雌たちはおよそ四か月にわたって授乳と餌とり旅行を繰りかえすが、子別れはふいに訪れる。この寒風が吹きすさぶ島に晩秋が訪れるころ、最後の授乳を終えた雌たちは、子どもを島に残して、海での採餌生活をはじめるのである。子育て中に餌とりに出かけていたのは、頻繁に繁殖地に帰る必要があったために島から比較的近い海域だったけれど、これからはもっと広い海域をめぐっての回遊を行うことになる。

キタオットセイの回遊

じっさいキタオットセイが島ですごす時間は、一年のなかでもけっして長くない。雄なら平均四五日、雌なら（育児中の餌とり旅行期間をさし引けば）わずか三五日程度という報告もある。

アラスカに近いプリビロフ諸島で子育てをした雌たちの多くは、アリューシャン列島の間をぬけて南下し、北米大陸の太平洋岸を広く旅するようになる。[4] そして、コマンドル諸島で子育てをした雌たちの多くは、北太平洋の西側を南下しながら餌を求めて回遊する。[5] もちろん、プリビロフ諸島で子育てをしたもので、アリューシャン列島を西に向かって回遊をはじめるものや、コマンドル諸島で子育てをしたもので、北太平洋を東に向かって回遊をはじめるもののもいないわけではない。

写真 4-4　海岸にはキタオットセイとともにトドも暮らしている。同じアシカ科でありながら体の大きさの違いが目をひく

ちなみに、ぼくたちが晩秋以降に北海道や三陸の沖合で、フェリーなどから目にすることができるキタオットセイの多くは、こうしてコマンドル諸島やそのほかの太平洋の西側にあるいくつかの繁殖地から回遊してきたものたちである。日本の近くでは、サハリンの沖に浮かぶチュレニー島や千島列島のいくつかの場所が、キタオットセイの繁殖地になっており、チュレニー島で子育てをするものたちの一部は、北海道や東北の日本海側で観察されている（写真4－4）。

近年、北海道の西側（日本海側）でもより頻繁にキタオットセイの姿が見られるようになっているらしい。チュレニー島で繁殖するキタオットセイが増え、彼らの一部が日本海側に来遊しているが、とくに日本海側にはスケソウダラやホッケの産卵場所があり、そのために来遊するスケソウダラやホッケを狙ってのことだとする研究もある[6]。

一方、島に残された子どもたちも、まもなく自分で餌をとりながら生きていかなければならない。そのために、母親たちから遅れて生まれ育った島を離れ、荒海へ泳ぎだす。プリビロフ諸島にしてもコマンドル諸島にしても、一〇〜一一月あたりから翌年の繁殖期がはじまる五月ごろまで、とりわけ冬期には雪と氷におおわれて、あれだけ海岸を賑わしたキタオットセイの姿は見えなくなってしまう。

そして半年後の翌年の繁殖期、ふたたび雄は雌に先んじて繁殖地の島へ、雌たちもそれに遅れて繁殖地に戻ってきて出産と子育ての賑わいがはじまるのである。しかし、キタオットセイが成熟するのは、雄ならば七歳（ただし、じっさいに繁殖に関われるようになるのはもっと先だ）、雌ならば三〜四歳。とすれば、今年海に旅だった子どもたちは、それまで繁殖地に戻る必要はない。そのために、まだ幼いうちに海へ旅だった子どもたちは、その後、最低でも二〜三年は島に帰ることなく海での暮らしを行うことになる[7]。

キタオットセイは、さまざまな魚類やイカ、オキアミやアミの仲間など多様な生物を餌にする。しかし、回遊をはじめたばかりの、まだ狩りの技術が未熟な幼いオットセイたちにとって、荒海での暮らしは厳しい。相当な割合が、海に旅だった最初の冬に命を落とすことになる。

＊

じつは、もうひとつこうした暮らしにあわせて、アザラシとアシカ（オットセイを含む）の違いがある。

いくつかの動物で、半球睡眠という眠り方が知られている。常に右脳と左脳のどちらかを目覚めさせておき、もう一方の脳だけを交代で眠らせる方法である。たとえば多くの渡り鳥についていえば、飛翔しながらでも眠ることができるように、半球睡眠を行うことが知られている。

また海の動物では、クジラやイルカの仲間が半球睡眠を行う。彼らはいかなるときでも、適宜海面に浮上して呼吸を行う必要があるからだ。ではアザラシやアシカはどうか。

アザラシは半球睡眠を行わず、オットセイを含むアシカの仲間は半球睡眠を行うことが確かめられた[8]。何か月も大海原ですごすキタオットセイの長期にわたる回遊を考えればうなずけることだ。眠っているときにも呼吸をする必要もあれば、まわりは敵だらけで、いつどこからサメやシャチが襲ってくるかわからない。

一方、アザラシのほうは、例外はあれ氷上で眠ることが多いだろうし、繁殖期を終えると長い海洋生活をすることが知られているゾウアザラシ(北太平洋に生息するキタゾウアザラシにしても、南半球に生息するミナミゾウアザラシにしても)は、深海に潜りながら眠ることが、新しい研究方法によって知られるようになり(一七八ページ)、ならばあえて片側の脳を目覚めさせておく必要がないのかもしれない。

漁網を絡めたオットセイ

コマンドル諸島での観察中、漁網の切れ端を首に引っかけた子オットセイの姿を何頭も目にした。彼らは海岸に打ちあげられた漁網の切れ端を玩具にして遊んでいるうちに、首に引っかけてしまったのだろう。あるいは、もう少し成長して海に出たとき、海に漂う漁網の切れ端を首に引っかけてしまうこともある（写真4-5）。

彼らは自由に手を使って網を外すことができない。もしもそのまま成長すれば、太くなっていく首を漁網が絞めつけていく。コマンドル諸島だけでなく、アメリカ、カリフォルニア州の沿岸やカリフォルニア湾で、絡んだ漁網が首に食いこみはじめているカリフォルニアアシカの姿を何頭も目にしてきた。鰭脚類だけではない。ウミガメでも同様の被害が多く報告されている。

遭難した漁船のものもあるだろうし、人間が故意に捨てた網もあるだろう。こうして目的をなくした網が、まったく無関係な海の生物を苦しめつづける。

ちなみに、もっとも多くの海にすむ生き物たちの命を混獲という形で奪ってきたもののひとつは、一九六〇年代から世界の海で広く使われるようになった流し網漁である。上側に浮き、下型に重りをつけた（大きいものでは深さ一五メートルにも達する）網を海中に張りめぐらせ、そこを通過しようとする魚を絡めとるものだが、狙

写真4-5　漁網の切れ端を首に絡めたキタオットセイの子ども

う魚たちだけではなく、そこを通過する動物ならすべて絡まってしまう危険がある。とりわけ、一定の間隔で呼吸のために浮上しなければならないクジラやアシカ、アザラシ、ウミガメたちにとっては危険きわまりない装置になる[9]。

この流し網漁はどんどん大規模になり、混獲が大きな問題になって、一九九二年に公海上での使用が禁止されることになったが、それまでは、世界中の海洋での漁を総計すれば、毎夜四万〜六万キロにわたる網が張りめぐらされたという。その長さの線を地球儀なり地図の上に描いてみれば、海全体が巨大な迷路と化すほどだ。そして北太平洋で行われたその漁は、北太平洋を広く回遊するキタオットセイの個体数が大きく減少する一因でもあった。

幸いいまは、さまざまな海洋生物の混獲を避けるための漁具が考案され、各地で成果をあげはじめている。海中を曳かれるトロール漁では、網のなかにとりこまれたオットセイが自分で逃げだせる出口を備えた網の考案も、そうした試みのひとつである。

とはいえ、海洋生物の混獲はいまもあとをたたない。いまぼくが目にしている、漁網を首に絡めたオットセイの子どもも、そうした犠牲者の一頭である。海に捨てられた漁網やロープなどは、いまこの瞬間だけでなく、将来にわたって動物たちの命を奪いかねない〝凶器〟になる。

漁具だけではない。ぼくたちがなにげなく捨てるビニール紐やビニール袋もやがて海に流れだすと、同じように海の動物たちを苦しめる。もちろん首に絡みつくだけではない。多くのクジラやイルカが、ビニール袋やプラスチックごみを誤って飲みこんで命を落としている事実を、ぼくたちは自分自身の問題として深く考えたいと思う。

アシカとオットセイの違い

さて、ここでアシカとオットセイがどう違うのか、と疑問に思われるかもしれない。アシカの仲間（アシカ科）は、以前は「アシカ亜科」と「オットセイ亜科」に分けられていた。しかし、近年の研究でこの両者が、系統のうえで分けられるものでないことがわかってきた。

とはいえ、カリフォルニアアシカのように「○○アシカ」と呼ばれるものと、キタオットセイのように「○○オットセイ」と呼ばれるものに、そう呼び分けられるようになった見かけ上の違いはたしかにある。オットセイと呼ばれる動物は「なんとなく小型」であることと、キタオットセイで見たように「体をおおう毛がふさふさと見えること」だ（写真4-6、4-7）。

じつはアシカ科の毛皮には、表面から見える毛（上毛・剛毛）の下には短い下毛がたっぷりと生えている。そのなかでとりわけ「オットセイ」と呼ばれるものでは、上毛が長いだけでなく、下毛の密度が高く、そこに空気をたっぷりと含むことで断熱性を保っている。丸丸としたアザラシたちが、皮下の厚い脂肪層で体温を保持するのとは対照的だ。

オットセイが泳ぐ姿を野生下でも、水族館のガラスごしにでも観察できれば、毛の間からこぼれだす空気が細かな気泡の群れになって水中に立ちのぼる光景を目にする。それだけ多くの空気を、毛皮のなかに貯めこんでいる。ぼくたちがふわふわのセーターを着ているのと同じだ。

上：写真 4-6 オーストラリアアシカ

下：写真 4-7 ナンキョクオットセイ。ふさふさとした毛皮がめだつ

では、毛皮のさまの違いはどこからくるのか。

鰭脚類のそれぞれの平均的な体重を表（表1）に記したが、アシカ科のなかでとりわけ「○○オットセイ」と名づけられた種が、一様に体が小さいことがわかる。

体温を保たなければならない恒温動物では、体が小さいものほど体がつくりだす熱にくらべて、体表から失われる熱が多くなる。そのため、同様の体つきの哺乳類なら、そしてとりわけ寒冷地で生息する動物なら、小柄な動物ほど体温を保持するためのしくみが求められる。さらに体が小さいことは、断熱材としての皮下脂肪をたくさんもっていないことを意味する。そのための工夫が、オットセイたちの空気を含む毛皮である。

［表１］ **鰭脚類の繁殖に関わる特性一覧**（Schulz and Bowen 2005[10]より）

種名	雌体重(kg)	授乳期間(日)	繁殖場所
アザラシ科			
チチュウカイモンクアザラシ	275	42	陸上
ハワイモンクアザラシ	272	38.2	陸上
ミナミゾウアザラシ	566	22.9	陸上
キタゾウアザラシ	488	25.8	陸上
ロスアザラシ	164	30	流氷上
ウェッデルアザラシ	447	50.3	定着氷上
カニクイアザラシ	224	17	流氷上
ヒョウアザラシ	367	29	流氷上
アゴヒゲアザラシ	369	24	流氷上
ズキンアザラシ	208	3.9	流氷上
タテゴトアザラシ	139	12	流氷上
クラカケアザラシ	80	25	流氷上
ハイイロアザラシ	206	15.7	陸上ないし流氷上
ゼニガタアザラシ	85	26.7	陸上
ゴマフアザラシ	71	18	流氷上
バイカルアザラシ	85	60	定着氷上
ワモンアザラシ	81	39	定着氷上
カスピカイアザラシ	55	23	流氷上
アシカ科			
キタオットセイ	41	118	陸上
カリフォルニアアシカ	87	330	陸上
トド	275	320	陸上
オタリア	139	548	陸上
ニュージーランドアシカ	115	365	陸上
オーストラリアアシカ	80	520	陸上
ミナミアフリカオットセイ	64	270	陸上
アナンキョクオットセイ	50	300	陸上
ナンキョクオットセイ	39	116	陸上
グアダルーペオットセイ	49	285	陸上
フェルナンデスオットセイ	48	210	陸上
ガラパゴスオットセイ	29	540	陸上
ニュージーランドオットセイ	38	285	陸上
ミナミアメリカオットセイ	42	365	陸上
セイウチ科			
セイウチ	743	730	流氷上

かつて鰭脚類の多くの種が、世界中の島じまや繁殖のコロニーで大量に捕殺された歴史がある。そのとき、トドや南米に生息するオタリアなど大柄のアシカがおもに肉や脂を目的に捕獲されたのに対して、オットセイは良質の毛皮をおもな目的に捕獲

された。

ちなみに、海生哺乳類のなかで最小の動物はラッコだが、皮下脂肪をあまりもたない彼らも、高密度の毛皮のなかに空気を含むことで、冷たい海のなかで体温を保っている。そしてもうひとつ、ラッコは一日に自分の体重の四分の一もの量の餌を食べるが、同じ環境下なら小柄な哺乳類は、自分の体の大きさの割にはたくさんの餌を食べることでより熱を発生させつづける必要がある。

とすれば小柄なオットセイは大柄なものより、自分の体の大きさの割には多くの餌をとる必要があり、その結果、海ですごす時間は長くなるだろう。自ずから、移動距離も長くなる。先に紹介したように、一年で一か月か一か月半しか島ですごさず、残りの時間を海ですごすキタオットセイにしても、本書のあとのほうで紹介するナンキョクオットセイにしても、トドやカリフォルニアアシカにくらべて長時間、広範囲にわたる餌とり旅行をするものが多い。

また、こうした大海原での長い餌とり旅行の途中では、眠るのも海上で行うことなる。そのとき、長い毛のなかに含まれた空気は、断熱材としてだけでなく、浮力となって海面で休むときに彼らの労力を助けてくれるはずだ。

そしてもうひとつ、繁殖地から遠く離れて、つまりは外洋ですごす生活は、ある共通した生活のスタイルを生みだすことになった。

南北両方の半球で、オットセイ類が多い比較的高緯度の外洋では、ハダカイワシ類やイカ、オキアミ類など浮遊性の甲殻類が主要な餌生物になるが、こうした動物たちは、昼夜で垂直移動を繰りかえす。

つまり、昼間にはより深い場所にいて、夜間には浅い場所に浮上する。そのため、オットセイの仲間は、概して昼間に休息し、夜間に餌とりを行うようになった。

オットセイと呼ばれる動物たちの目は、くりくりと印象的だが、彼らの大きな目は暗がりのなかでも採餌に役立つのだろう。そしてもうひとつの特徴である長いヒゲは、水の動きや餌生物がつくりだす水の震動を感知して、やはり暗がりのなかで餌を追ううえで大きな役割を果たしている（写真4-8）。

ちなみにアシカとオットセイが同所的に共存する場所として、ガラパゴス諸島（ガラパゴスアシカとガラパゴスオットセイ）があげられる。次章で訪れる場所だが、そこではぜひ〝アシカ的暮らし方〟と〝オットセイ的暮らし方〟に注目して観察したいと思う。

写真4-8　オットセイ類は共通して長いヒゲと大きな目をもつ。写真はニュージーランドオットセイ

ベーリングの墓

コマンドル諸島での観察を終えて、この地を去る前日、ぼくは島の丘を登って散策を楽しん

だ。

九月とはいえ、冷たい風が頬をなでて流れていく。緯度の高いこの地では、背の高い樹木は生えていない。わずかな灌木と背の低い植生だけが風景を飾っている。あまり彩りがない世界で、わずかに実ったベリー類の赤が妙に際だって見えた。

風に乗って響く蹄が大地を蹴る音に前方を眺めると、トナカイの群れが通りすぎていく。もともとコマンドル諸島には、固有のホッキョクギツネは生息していたが、トナカイを含む陸生の動物の多くは、ベーリングがこの地に漂着し、生き残った探検隊がロシアに帰還してヨーロッパの人びとにこの島じまを紹介して以来、訪れるようになった人間たちがもちこんだものである。

やがて、海を見下ろす丘の上に立ったとき、大きな十字架を見た。ベーリングの墓である。一七四一年一一月に、この島に漂着。多くの船員たちは壊血

写真 4-9　1741 年 12 月 6 日にこの世を去ったヴィトゥス・ベーリングの墓

病で命を落とし、同年の一二月六日にベーリング自身もこの世を去った（写真4-9）。

ぼくは丘の一隅に腰を下ろして、大きな十字架の向こうに広がる島の湾を眺めていた。ベーリングがこの島に漂着したときなら、この湾に体長八メートルにもなるステラーカイギュウの群れが、穏やかに海草を食む光景が広がっていたはずだ。ぼくはすでにいないと頭ではわかっていながら、それでも巨大な背がふいに波間に浮上しないかと海面に目を走らせていた。

鰭脚類でいえば、カリブ海に生息したカリブモンクアザラシが、一九五二年に最後に目撃されて以来姿を消し、すでに「絶滅」と断じられている。一七世紀以来、付近のカリブ海沿岸の砂糖農家が機械を動かすための油をとる目的で、大量に捕獲されてきた動物である[11]。

また、日本近海に生息したニホンアシカ（以前はカリフォルニアアシカの亜種と考えられていたが、現在では独立種とされている）が、一九七五年に日本海の竹島での最後の目撃以来、観察されていない。二〇世紀初頭に、竹島で行われた猟で大きく個体数を減らした動物である。どちらも、彼らが生物として劣っていたわけではなく、人間の暮らしに近い場所に生息したための悲劇である[12]。

ステラーカイギュウにいたっては、せっかくの僻遠の地でひっそりと自分たちの暮らしを謳歌していながら、ある探検家の遭難という隅然の出来事によって紹介されると、その途中の旅や航海の危険さえかえりみずに富を求めた人びとによって葬られた。人間が、野生動物にとってどれほどに危険な存在であったかを考えるのに、ぼくにとってコマンドル諸島は格好の場所になった。

北緯五五度のコマンドル諸島の丘には、九月でも肌寒いほどの風が流れていく。そのとき、蒼穹に向かって屹立する十字架は、人間によって災厄をもたらされた野生動物、とりわけ海の動物たちの墓標にも見えた。

◀次頁：潮だまりのなかを
泳ぐガラパゴスアシカ

第5章　ガラパゴス諸島で

赤道直下の島じま

この本の主人公であるアシカやアザラシの仲間は、南北両半球ともに、高緯度地方に多く生息する。高緯度の海ほど生物生産がさかんで、より多くの生物量が存在するからだ。

膨大な数で群れるサケやマス、ニシンやタラの仲間を思い浮かべても、彼らが群集するのは高緯度の海である。アシカ、アザラシたちの主要な餌になっているオキアミなど浮遊性の甲殻類にしてもイカの仲間にしても、極海をはじめ高緯度の海域に密集して生息する。

さほど高緯度ではない場所で鰭脚類《ききゃくるい》が密集して生息する光景なら、カリフォルニア州沿岸やカリフォルニア湾のカリフォルニアアシカの姿が思い浮かぶけれど、彼らがすむのは、豊かな寒流カリフォルニア海流に洗われるか、激しい潮流と強い日射しが海中にプランクトンの群れを沸きたたせるカリフォルニア湾（コルテス海）といった、とりわけ際だった豊饒さを見せる海である。

同様に、それほど高緯度とはいえない海で密集して暮らすもうひとつの鰭脚類の例は、南アフリカの南西岸に大きなコロニーをつくるミナミアフリカオットセイだろう。南アフリカ南西岸もまた、南から流れる世界でも有数の豊かな寒流ベンゲラ海流に洗われ、多くの海生哺乳類を含む海洋動物は、この海流がもたらす恵みに支えられて生きている[1]。

もうひとつは、ハワイ諸島に生息するハワイモンクアザラシや、地中海沿岸に生息するチチュウカイモンクアザラシがあげられる。ただし、彼らは上記のミナミアフリカオットセイや、高緯度の海域に生息するキタオットセイのように相当な数が密集して暮らしているわけではない。それぞれの個体あるいは小群に分散して（全体の個体数もけっして多くない）、ハワイモンクアザラシでわかっている限り、餌が多い深場まで潜って餌をとっているようだ[2]。

そしてさらに低緯度、というよりは赤道直下に生きる鰭脚類が存在する。ガラパゴス諸島にすむガラパゴスアシカとガラパゴスオットセイだ。

ガラパゴス諸島は南米大陸エクアドルの西方、およそ一〇〇〇キロ離れた太平洋上に浮かぶ島じまである。「エクアドル」という国名そのものがEquator（「赤道」の意）に由来して、国のまんなかを赤道が通過しているが、その西方にあるガラパゴス諸島もほぼ赤道上に浮かんでいる（地図5）。

ガラパゴス諸島が豊かな生物相を育んでいるこ

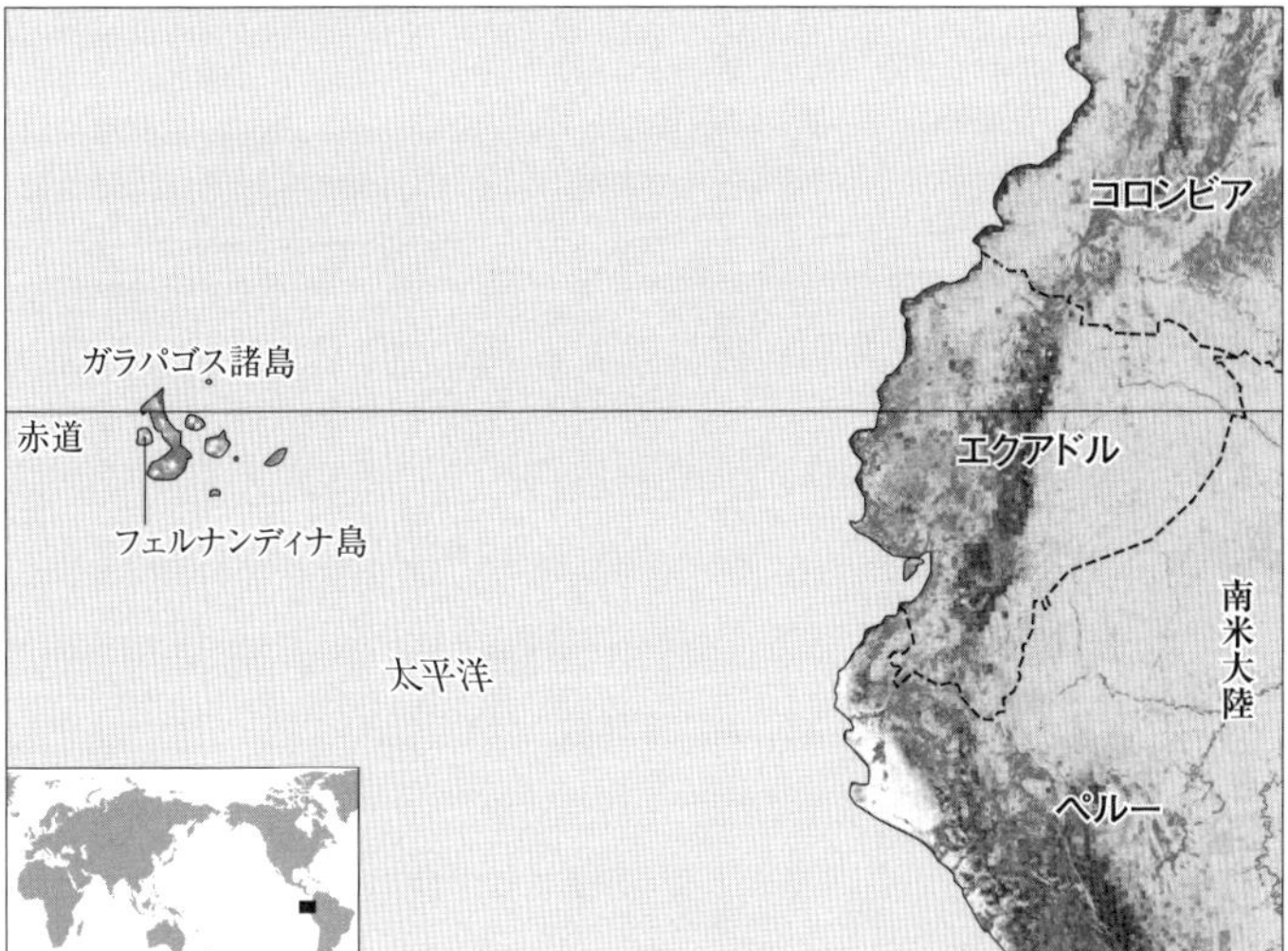

地図5　エクアドル本土の西方約1000キロの沖に浮かぶガラパゴス諸島

と、そこにガラパゴスアシカやガラパゴスオットセイのような、海洋生態系の高位の動物が生息することは、なにより諸島のまわりの海の生物生産が豊かであることの証しである。そして、豊かな生物生産を支えているのも海流である。

南米大陸の太平洋岸に沿ってはるか南方から北上して流れる豊かな寒流ペルー海流（フンボルト海流）は、エクアドル沿岸で流れを西向きに変え赤道海流となって、やがてガラパゴス諸島を洗う。南米大陸の太平洋岸にも、多くの鯨類やミナミアメリカオットセイが生息するけれど、彼らはすべてペルー海流がもたらす恵みに支えられている。

そしてもうひとつ、ガラパゴス諸島の豊かな生物相を支えるのは、太平洋の表層を東から西に流れる赤道海流の反流として、深層を諸島の西方から東に流れるクロムウェル海流である。

ガラパゴス諸島は、海底火山の噴火によって誕生した島じまで、大洋のただなかに深海底から島じまが屹立する。そこに西方から海の深層を流れてくるクロムウェル海流がぶつかると、湧昇流を生じさせて海の深いところにある栄養分を海面近くに巻きあげる。そして、照りつける熱帯の強い日射しが、海中に生物の群れを沸きたたせる。

ぼくは何度もガラパゴス諸島を訪れて、じっさいに海で泳ぐ機会があったけれど、赤道直下の島じまとは思えないほどに水は冷たい。それは、寒流ペルー海流がもたらす水塊であり、クロムウェル海流が海の深い場所からもたらす水塊だからだ。

写真 5-1　ひれ状になった前肢で水をかいて海中を自在に泳ぎまわるガラパゴスアシカ

ガラパゴスアシカと泳ぐ

青みのなかから現れた黒い影は、にわかに一頭のアシカの姿になってぼくの前に浮かんだ。彼は、ヒゲの一本一本までが水中マスクごしに見える距離までぼくに接近しては、ひれに形を変えた前肢で水をひとかきして体を翻すと、ふたたび青みのなかに消えていった（写真5-1）。

そして今度は、仲間もいっしょになってぼくをとりまくように泳ぎまわる。グループのなかからかわるがわる接近して、誰何《すいか》するかのように視線を送っては体を反転させて、仲間のなかへ戻っていく。

ぼくはガラパゴス諸島のひとつフェルナンディナ島の海岸で、若いガラパゴスアシカといっしょに泳ぎながら観察していた。フェルナンディナ島は諸島のなかでも西方に位置する島で、深層を西方から流れてくるクロムウェル海流がぶつかることで、まわりに湧昇流が生じやすい。諸島のなかでもとりわけ豊かな海域であり、ガラパゴスペンギンやウミイグアナなど、沿岸の豊かさに直結して暮らす動物たちが多い場所である（一方、飛翔できる鳥たちは、多少の距離なら飛翔できるために、離れた島じまにも同じように分布している）。

やがて、若いアシカたちはそこにぼくがいることに慣れはじめたのだろう。ぼくとの距離を縮め、より近くで戯れはじめた。

陸上ではきわめて神経質に人間の接近を嫌う鰭脚類も（そのために多くの生息域では、彼らのコロニーへの陸上からの接近は制限されている）、水中では旺盛な好奇心を発揮する。世界の各地で、（水中での観察が許されている場合に限るけれど）水に入ったぼくを、動物たちのほうから観察にやってくるのが常だった。

このときも、何度もぼくの目前を横切って泳ぎながら、ぼくのマスクごしに視線を投げかけてくる。とりわけ好奇心が旺盛な若い個体は、ぼくが泳ぐためにつけている足ひれの先を甘噛みしては、軽く引っぱってみせた。

もしもぼくがこうした出来事に慣れていなければ、驚いて足を引き、その場から逃げだしたかもしれない。しかし、幸いこれまでに、もっと手荒く遊びかけてくるカリフォルニアアシカたちとの戯れを経験していたから、ぼくは若いアシカたちになされるままに、彼らとの戯れを楽しむことができた。

やがて彼らも、遊びあきたのだろう。ぼくのまわりから消えた。ぼくたちは別のアシカたちを探しながら、島の海岸線にボートを走らせる。

海底火山の噴気によってできたガラパゴス諸島のたいていの島は、海岸は黒い溶岩でできている。それが複雑にいりくみながら、小さな入江や岬、ときには海蝕洞をつくりだして、魚群がかたまりやすい地形やアシカたちの格好の遊び場を提供している。

魚群を追うアシカたち

数頭のガラパゴスアシカが思い思いに海面に現れて、「プッ」という呼吸音を響かせて、すぐに潜っていく。このとき目の前に姿を見せるアシカたちの動きの激しさは、これまで観察してきた戯れあうアシカたちのそれとは明らかに違っていた。

ぼくは、しばらくボート上から彼らの動きを観察したあと、水中マスクとスノーケル、足ひれを身につけて海中に滑りこんだ。水に入った瞬間にマスクの前をおおった泡の群れが消えたとき、思いもかけない光景が目前に開けた。

青緑色の淡い濁りのなかに、海面から射しこむ太陽が描きだす幾状かの光の帯が、波にあわせて揺れ動く。そのなかを銀色の鱗をきらめかせて、小魚の群が流れていく。銀河のように連なる魚群は、ところどころで分岐してはふたたびひとつの奔流をつくった。

波にあわせて群れがいっせいに泳ぐ向きを変えると、魚体が太陽のきらめきを映しだし、ときには波がプリズムになってつくった虹の七色が、魚群を飾る。ふたたび泳ぐ向きを変えた瞬間にはきらめきは消え、魚群は水に紛れてぼくの目を惑わせる。そして、影に沈んだ岩影から、ふたたび何千何万という魚たちが花火のように弾け散った。

みごとに調和のとれた魚群の動きは、一匹一匹の集まりではなく、光を散らしながら自在に形を変える巨大な生き物にも見える。そして魚たちが一気に泳ぎ加速するためだろうか、精一杯に体を震わせる光景は、スポットライトを浴びて揺れ躍るスパンコールにも見えた。

そのときになってようやく、魚群のまわりにアシカたちが泳ぎまわっているのに気づいた。揺れ動き、ときに小群に散開しては、ひとつの塊になる魚群の動きは、アシカの動きに刺激されてのものだったのである。

突然、一頭のアシカが魚群のなかに分けいった。アシカの動きを避けて、魚群は一瞬にしてふたつの群れに分かれたあと、ふたたび後方でひとつに溶けあう。一方、アシカはひれになった前肢で水を巧みに操って身を翻しては、ふたたび魚群のなかに割りこんでいく。そして、ほかのアシカたちもそれに加わった。

五、六頭のアシカたちが絡みあい縺《もつ》れあいながら、魚群を追いたてる。思い思いに直進しては、ふいに反転して弧を描く。曲芸飛行にも似て、滑らかな動きが目を奪う。

アシカたちの動きに目を奪われたのは、ぼくだけではなかった。それまで密集していた小魚たちの群れが一瞬ほどけ、何匹かの魚が戸惑ったかのように、群れから弾きだされると、その瞬間一頭のアシカがそれをくわえとっていった。

多くの小魚は、視覚によってたがいの動きを協調させ、群れを維持している。それを追う多くのイルカであれペンギンであれアシカたちであれ、彼らは数頭で魚群のまわりを激しく動きまわることで、魚たちの視覚を惑わせ、群れを攪乱することで群れからはぐれた魚を捕食するという戦略をとる。

群集性の魚類を捕食するペンギン（マゼランペンギンやケープペンギンなど）たちの白と黒の縞模様は、何頭かで激しく泳ぎまわるとき、白と黒が交錯して魚たちの視覚を攪乱するものと考えられている。おそらく、同様に獲物を追うカマイルカの仲間などの白黒模様も同様の意味をもつのだろう。

一方、アシカたちはそうした装いはもたないけれど、イルカやペンギンたちにも増して軽やかな仕草と柔らかな体でつくりだす、見る者に予想不能な動きは、獲物の目を惑わすには十分なのだろう。「目眩《めくるめ》く」という言葉は、水中で獲物を追うアシカたちの動きをたとえるのにもっともふさわしい。

今度は、別の一頭が魚群のなかに飛びこむと、群れは瞬時に洞窟のように形を変えた。アシカの泳ぐところだけがぽっかりとぬけ、後方ではふたたび穴は閉じてひとつの塊を形づくる。それぞれの淀みのない動きが、波に揺れる光のなかで交錯する。

魚たちは一匹一匹が群れの中心へ入りこもうといっそう濃密な塊をつくり、アシカたちのほうは群れを乱して、はぐれた魚をくわえとっていく。

それは、もちろん自身の食欲を満たすためではあるけれど、自在な変幻を見せる魚群を相手にゲームでも楽しんでいるかに見えた。

ガラパゴスアシカのコロニーで

ガラパゴス諸島では、こうした水中観察以上に、島じまへの上陸にあたって、海岸でコロニーをつくるガラパゴスアシカを観察できる機会は多い。

ひときわ大きな雄が海岸になわばりを構え、そこに多くの雌が子に乳を与えているものもいる。そのさまは、ぼくがカリフォルニア湾で観察したカリフォルニアアシカの育児のさまとよく似ている（写真5-2、5-3）。

じっさい、以前ガラパゴスアシカは（ニホンアシカと同様）カリフォルニアアシカの亜種として考えられていた。カリフォルニアアシカの分布域の南限に近いカリフォルニア半島の先端から考えれば、ガラパゴス諸島は三〇〇〇キロほどの距離にある。海流に乗れば、かつてカリフォルニアアシカ（の祖先）の一部が、ガラパゴス諸島にたどり着いたと考えるのはけっしてむずかしくない。

近年は遺伝子解析をすることで、多くの生物で系統の再検討が行われるようになり、現在両種は別種として扱われるようになった。しかし、類似する点も少なくない[3]。

たとえば、成熟した雄の頭部が大きく盛りあがることだ。ただし、カリフォルニアアシカの雄のように、盛りあがった頭部の毛が、銀灰色にはならない。そして、体がひとまわり小さい。同種あるいは近縁種のなかで、島嶼に生息するものが多少小型になるのは、生物でよく見られる例である。

また、ガラパゴス諸島は季節性が少ないからだろう。繁殖期がおよそ五月から翌年の一月にいたるま

上：写真 5-2　ガラパゴスアシカは開けた海岸にコロニーをつくることも少なくない
下：写真 5-3　日中に暑熱を避けるために木陰で休むガラパゴスアシカ

でと、きわめて長い。この時期は東から流れるペルー海流も、深層を西から流れるクロムウェル海流が島じまにぶつかることで生じる湧昇流も強まる時期で、アシカの餌になる海の生物がもっとも豊かになる時期でもある。

ちなみになわばりを構える雄アシカが相手にするのは、ライバルの雄たちだけではない。生まれてくる幼い子アシカたちにとって、沿岸に接近するサメは恐ろしい敵になる。そうしたサメを追い払うのも、体が大きい雄たちの役割である。

いずれにせよ、繁殖期が長いことは、なわばりを守ろうとする雄たちにとっては重労働になることを意味する。というのは、多くのアシカの仲間の雄は、繁殖期間がはじまれば自分はいっさい食べることなく、なわばりとそこにいる雌たちを、接近しようとするほかの雄たちと闘って守りつづけなければならないからだ。そのためガラパゴスアシカの雄は、前述の繁殖期の間ずっとなわばりを守りつづけるわけではなく、途中で海へ餌とりに出かけ、また繁殖地に戻ってなわばりを構えなおす。

最近になって、繁殖期の間のひとときを雄たちが行う際だった狩りのようすが、現地で長く生物の観察をつづける女性写真家トィ・デ・ロイさんによって観察された[4]。

雄たちがときに遠出をすることに疑問をいだいた彼女は、アシカの雄たちが決まった島の沿岸をめざすことに気づいた。そこでは溶岩がつくりだした海岸線が複雑にいりくみ、無数の入江や岬を形成する。アシカたちは大きなキハダマグロを追いこむために、その海岸線を利用している。

泳ぐ速度でいえば、アシカはキハダマグロにかなわない。しかし、それを補うのが彼らのチームワークと、年齢を重ねた雄の経験である。

アシカは数頭で、まるでヘラジカを追いたてるオオカミの群れのように、溶岩でいりくんだ入江のなかにキハダマグロを追いたてていく。最後に逃げ場を失ったマグロはふいに方向を変えて沖をめざそうとするが、海岸線の状況を熟知しているアシカは、その逃げ道をふさぎつつ、とりわけ力のある雄アシカがマグロの首筋に噛みついてしとめるという。

このときも、まずは力のある雄が真っ先に食べて、若いアシカたちは最後におこぼれをもらうだけだ。おそらく力のある雄は自分の繁殖地に戻ったあとは食べることなく、自分のなわばりを守りつづけなければならない。そのためのエネルギーをこうして得ていたのである。

この際だった狩りにはチームワークとそれぞれのアシカたちの経験が必要で、トィさんの話では、ときに若いアシカが勇んでキハダマグロに突進して、狩りをだいなしにしてしまう例もあったという。

＊

一方、雌は出産すると、最初の一週間ほどずっと子の面倒を見たあとは、日中に海に出て餌とりをしては、夜には子のもとに戻って授乳を行うことを繰りかえす。また子どものほうは、生まれてから一〜二週間すれば海に入って泳ぐことを学びはじめる。

母親の餌とり旅行は、子が成長するにつれて長くはなるけれど、ガラパゴス諸島では島じまの近くにアシカの餌になる生物が多く生息するために、母親の餌とり旅行が、世界のほかのアシカたちよりは短いのも特徴である。一方、子のほうはやがて自分で餌をとりはじめるにしても、一年近く授乳はつづけられることになる。

雌が雄を選ぶ

アシカやオットセイのように、大きな雄が海岸になわばりを構え、そこに多くの雌がすごしている光景を見ると、雄がしっかりと雌たちを守り、ほかの雄との接触を許さないといった印象があまりに強い。しかし、じっさいはそうでもない場合も多い。というのは、ある程度の期間、なわばりを構えた場所とそこにいる雌たちを、その間自分はいっさい食べることなくほかの雄から守りつづけることはあまりに労力が大きいからだ。

赤道直下のガラパゴス諸島にすむガラパゴスアシカや、先に紹介したカリフォルニアアシカのなかでもとりわけ暑いカリフォルニア湾に生息するものでは、雌たちは体を冷やすために海との出入りを頻繁に繰りかえすために、一頭の雄がすべての雌たちの動きをコントロールするのはむずかしい。

そのため、雄たちはそれぞれがあまり広くないなわばりを構え、一方、雌たちは複数の雄たちのなわばりの間を自由に動きまわることができる。まさにカリフォルニア湾で見たカリフォルニアアシカに似たやり方である。とすれば雄にとっては、より多くの雌たちに自分のなわばりを訪れてもらうために、日射しが強いガラパゴス諸島で日陰になる岩場がある海岸や、海に出入りするのに便利な場所がある海岸など、〝一等地〟をなわばりに構えることが条件になる。[5]

じつは南米大陸の南部沿岸にミナミアメリカオットセイというオットセイの仲間が生息している。分

写真 5-4　ガラパゴスオットセイはアシカにくらべて、溶岩の陰などですごすことが多い

布域のなかでも、ペルー沿岸など緯度が低く温暖な場所で繁殖するミナミアメリカオットセイでは、同じように雌が複数の雄たちのなわばりの間を自由に動きまわりながら、出会うべき雄を選ぶという暮らしを築いている。[6]

ガラパゴスオットセイ

もう一種、ガラパゴス諸島で観察できる鰭脚類は、ガラパゴスオットセイである。

「オットセイ」と呼ばれる種が、アシカ科のなかで比較的小型であることは先に紹介した。たとえばガラパゴスアシカが雄では体長二・一メートル、体重一五〇〜二〇〇キロ、雌では体長一・七メートル、体重五〇〜九五キロになるのに対して、ガラパゴスオットセイでは雄で体長一・五メートル、体重六〇〜七〇キロ、雌で体長一・三メートル、体重三〇キロ弱くらいだ。[7] そしてもうひとつの見かけ上の違いは、オットセイのほうが毛が長く、毛皮のさまがはっきりと見えることである（写真5-4）。

ガラパゴスアシカがカリフォルニアアシカに近縁であることは紹介したとおりだが、ガラパゴスオットセイのほうは、南米沿岸に生息するミナミアメリカオットセイに近縁で、研究者によっては亜種と考える人もいる。ペルー海流に乗って南米大陸からガラパゴス諸島にたどり着いたミナミアメリカオットセイの一部が、この島で固有の進化を遂げたのだろう。

それだけに、ガラパゴスアシカにくらべてもより暑さや直接の日照を避けて暮らしているようにも見える。ガラパゴスアシカもときに木陰で暑熱を避ける場合もあるが、多くの時間日中でも開けた海岸で寝転んですごす姿をよく見かけるのに対して、ガラパゴスオットセイのほうは陸上ならばほとんどの時間を、海岸の岩場の陰やいりくんだ溶岩の陰で直射日光を避けて休んでいる。

そして海のなかでもガラパゴスオットセイは、ガラパゴスアシカと違った姿を見せてくれて、ぼくの好奇心をかきたててくれた。

ガラパゴスアシカたちは、ぼくが海に入ると活発な動きでいっしょに戯れてくれたけれど、彼らは日中に沿岸で餌をとるために、彼らが海に入るのは採餌旅行を兼ねたものだった。そのために、じっさいにガラパゴスアシカが魚群を追ったり、ときには海底の岩の間に鼻先をさし入れて獲物を探す光景もしばしば観察することができた。

一方、ガラパゴスオットセイが餌とりを行うのは比較的沖合で、それも夜間であることが多い。日中にオットセイが海に入るのは、あくまで地上の暑熱を避けて体を冷やすためだ。そのため、アシカのような活発な動きをあまり見せず、海面に体を横たえて漂ったり、頭を下に向けて逆立ちする格好で海中にぽっかりと浮かんだりといった具合。

邪魔しない程度の距離を保って観察すると、つぶっていた目をときおり開けて大きな目でぼくのようすをうかがう。小さな顔の割に大きな目は、夜間の光が少ない海中でもよく見えることを示している。また長いヒゲは、獲物の動きがつくりだす水の動きを敏感に感じとるもので、とくに夜間に餌とりをする彼らにとっては必須の感覚器官でもある。

動きの激しいガラパゴスアシカたちと海中で戯れるときは、ぼくのほうも激しく泳ぎまわらなければならないが、ガラパゴスオットセイとすごすときは、ぼくのほうも同じように動きを止めて海面に身をゆだね、オットセイのゆるやかな一挙一動に目を凝らすのが常だ。しなやかな動きのなかで体をくねらせるたびに、彼の体を包む長い毛の間からこぼれだす空気が、細かな気泡となって銀色に輝きながら海面にたちのぼっていく。オットセイの仲間は、冷たい海のなかで長くすごすことができる断熱材になる空気を、それだけ毛皮のなかに含んでいる。

日中におもに沿岸部で餌をとるガラパゴスアシカに対して、夜間に沖まで出かけて採餌するガラパゴスオットセイ。近い場所に近縁の複数種が生息するとき、利用する餌生物や採餌場所を使い分ける例はしばしば観察されることだ。近縁の動物なら、本来餌生物や採餌生態が似る傾向にあるけれど、それをめぐる競合をできるだけ避けるためである[8]。

たとえば南米大陸の南部沿岸ではオタリア(アシカの仲間)とミナミアメリカオットセイが共存する

場所がある。そんな場所では、ガラパゴスアシカとガラパゴスオットセイの関係にも似て、オタリアが日中に沿岸を中心に、ミナミアメリカオットセイが夜間におもに沖合で餌を追うことが確かめられている[9]。

エルニーニョ現象

ガラパゴスオットセイの繁殖期は、八〜一一月とガラパゴスアシカの繁殖期にくらべて短いのは、ペルー海流や湧昇流がよりいっそう強まる時期で、餌とりがもっともしやすい季節にあわせているのだろう。しかし、毎年同じように、この季節に海中の餌生物が豊かになるわけではない。

エルニーニョ現象として知られる、東部熱帯太平洋でときに起こる海洋環境の変動がある。

ふだんの熱帯太平洋域では、東から西に向かって吹きつづける貿易風に押される形で、東から西へ海水が大きな流れ（赤道海流）をつくっている。そのため、東部の熱帯太平洋では西方に流れる海水を補うように、南米大陸の太平洋岸を南から北上するペルー海流や、深い海の底から栄養分に富んだ湧昇流が生じている。

同じ赤道上であっても、太平洋の東側と西側では東側のほうが水温が低い。ガラパゴス諸島はこうした出来事が日常的に起こっているまっただなかに浮かんでおり、諸島の動物たちは、豊かな水塊がもたらす海の恵みに支えられて暮らしている。

ところが何年かに一度、貿易風が強まると熱帯太平洋の表層水はいっそう西側に押し流され、ふだんより西側の水位が東側より高まることがある。そのあとで貿易風が弱まると、今度は水位が高くなっている西側から東側に向けて暖かい表層水が逆流しはじめる。そのために、ガラパゴス諸島周辺に豊かな水塊を運んでくるペルー海流や湧昇流が弱まるとともに、海水温がふだんより高くなる。それにあわせて、とりまく海の栄養分は一気に減少する。

この現象は、クリスマスのころにその徴候が現れることが多く、「神の子」(イエス・キリストのこと)の意味で「エルニーニョ」と呼ばれるようになった。じつはこの現象がもたらす影響は、東部熱帯太平洋域だけに限らず、アフリカやオーストラリアの干魃、南米の豪雨といった地球規模の気候変動とも関わっている。とはいえ、なにより大きな影響を受けるのは、ガラパゴス諸島や、ペルー海流に洗われるエクアドルやペルーの沿岸に生息する動物たちで、壊滅的な餌不足に見舞われることになる。

ちなみに一九八二〜八三年と、一九九七〜九八年に起こったエルニーニョはとりわけ規模が大きいものであった。とくに一九八二年にこの徴候が起こりはじめたとき、ペルー沖の海水温がわずか二四時間で四度あがったことが記録されたほどだ。

ガラパゴスオットセイでいえば、ふだんは生まれた子どもの九五パーセントが最初の一か月を生きのび、また八〇パーセントが最初の一年を生きのびるものだが、一九八二〜八三年のエルニーニョ発生時は、最初の一か月を生きのびたものが六七パーセント、そして最初の一年を生きのびたものはだれもいなかったという報告がある。[10]

また、一九九七〜九八年のエルニーニョ発生時には、ガラパゴスアシカでは九〇パーセントの子と、なわばりをもつ雄の六七パーセントが死亡し、全体の個体数が半減した。もちろん理由は、すべて餌不足による餓死である。

近年でいえば、今世紀に入ってからガラパゴスアシカもガラパゴスオットセイも、二〇一五年にエルニーニョが発生するまでは順調に回復してきたが、このエルニーニョによってガラパゴスアシカは二三・八パーセント、ガラパゴスオットセイは三八パーセント個体数を激減させた[11]。もちろんアシカ、オットセイだけでなく、多くの海鳥たちの繁殖成功率にもエルニーニョが重大な好ましくない影響を与えたことはいうまでもない。

エルニーニョ現象は、過去から折に触れて起こってきた。ガラパゴスアシカ、ガラパゴスオットセイを含むガラパゴス諸島のほぼすべての動物は、エルニーニョ現象をはさみながら、そのたびに個体数を大きく増減させながら現在にいたっている。こうした状況は、今後もふつうに予想されるが、懸念されるのはいま地球が直面している気候変動とともに、今後〝メガ・エルニーニョ〟とも呼ばれる、これまでにないほどの規模での変動が起こる可能性も予想されていることである。

気候変動、とりわけ温暖化の影響は北極圏や南極圏でもっともむきだしの形で現れると書いたけれど、ガラパゴス諸島もまたその最前線に立たされているといっていい。

◀次頁：体をぶつけあうミナミゾウアザラシの子ども（バルデス半島で）

第6章　南アメリカ大陸へ

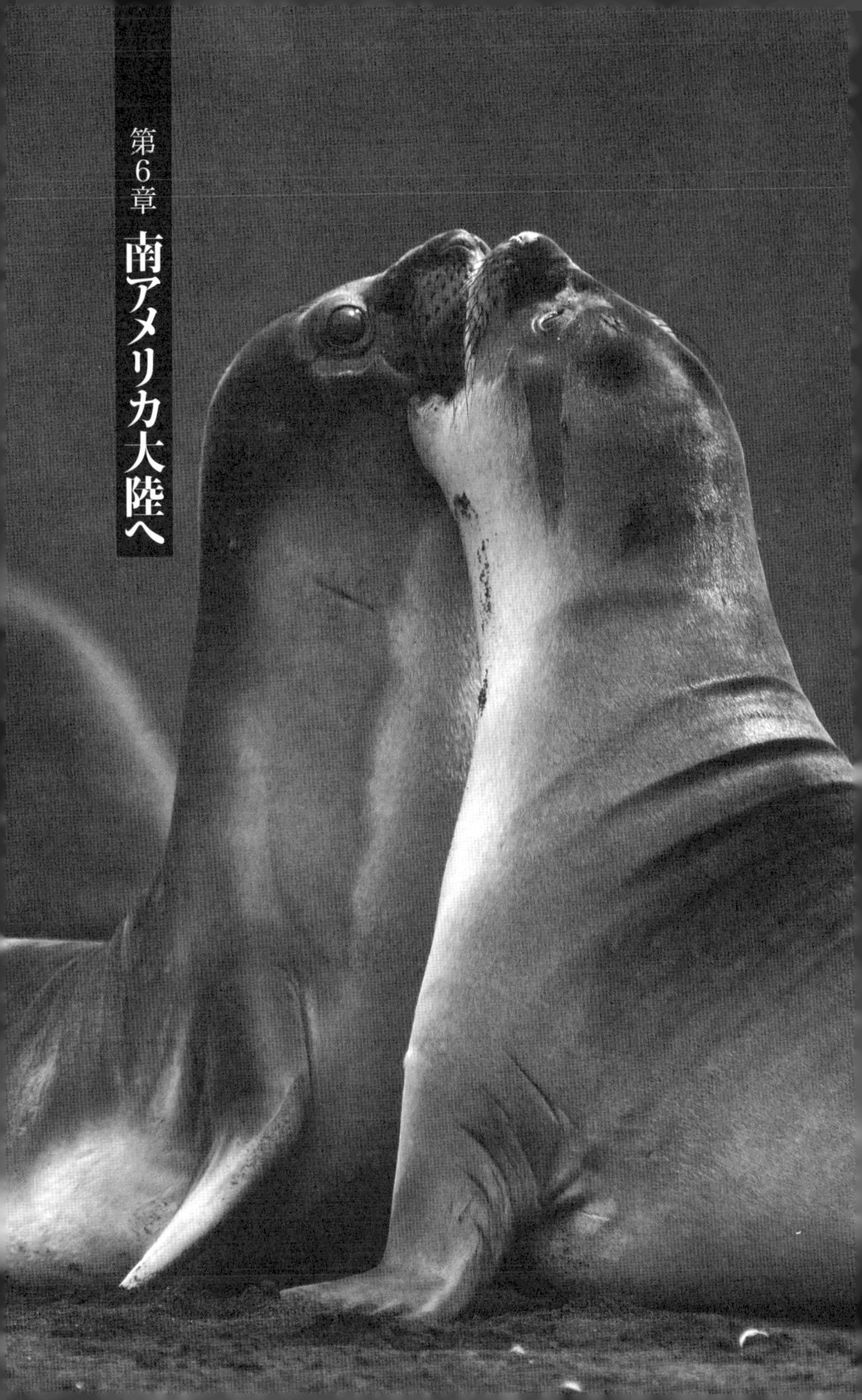

南半球のアシカたち

これまで紹介してきた北半球のアシカやアザラシとは異なる鰭脚類《ききゃくるい》が、南半球にも数多くすんでいる。南半球の海洋の姿、あるいは海洋生態系を特徴づける最大のものは、南緯五五～六〇度あたりでいかなる大陸や陸地に妨げられることなく、南極大陸を一周するように流れる世界最大の海流、南極周極流（南極環流）の存在である。

恐竜が滅び、中生代が終焉を迎えて新生代がはじまったとき（いまから六六〇〇万年前）には、地球上の大陸の分布は現在とは大きく異なっていた。北半球ではユーラシア大陸と北米大陸がひとつになってローラシア大陸を形成、南半球では南米大陸、アフリカ大陸、オーストラリア大陸、南極大陸と、現在のインド半島がひとつにかたまりあってゴンドワナ大陸をつくっていた。このころは、大気中の二酸化炭素量が現在よりずっと多く、地球全体が現在よりずっと暖かかった。

同時に、海流も地球上を広くめぐって流れていた。海流が地球上を広くめぐって流れることは、地球上の環境がより均一化することを意味する。現在の南極大陸の周辺から、かつて森が茂っていた形跡や恐竜の化石が発見されていることもよく知られているとおりだ。

しかし、時代とともに各大陸が分かれはじめる。そして南半球でいえば、ほぼ三〇〇〇万年前までに南極大陸がほかの大陸群から分かれると同時に、地球上のほぼ現在の場所（地球の南の端）に位置するようになる。こうして誕生したのが南極周極流である。

この流れは、北方にある（より低緯度を流れる暖かい）流れや水塊が南極大陸に達するのを妨げる障壁になる。暖かい海流がめぐってこなくなれば、南極大陸の寒冷化がいっそう進みはじめる。また、氷の大陸になった南極大陸をとりまく冷たい水塊と、北方の暖かい水塊が接する場所は南極収束線（南極前線）と呼ばれるけれど、二つの水塊が出会うところは、生物生産がより促される場所になる。

なににも遮られることなく南極周極流がめぐる海域は、地球上でももっとも荒れる海域であり、かつてこの海を航海した船乗りたちはそのさまを「吠える四〇度、怒れる五〇度」とたとえた。しかし、荒れる海は海中に酸素をいきわたらせて、より豊かな生物たちの世界をつくりだす。

世界地図を見ると、南極大陸をとりまいて茫洋と広がる大洋に、サウスジョージア島やサウスオークニー諸島、ケルゲレン諸島やプリンスエドワード諸島など、多くの僻遠の島じまが点在する。こうした島じまには、多くのペンギンをはじめとした海鳥や各種のオットセイが豊かに生息する。いずれもが南極周極流のただなかに浮かぶ島じまで、そこに生きる生物たちは、豊かな海流に育まれる恵みに支えられて生きている。

ちなみに、南半球に生息するアシカ類でいえば、南米大陸とその周辺にオタリア、ミナミアメリカオットセイ、フェルナンデスオットセイが、オーストラリアやニュージーランド近海にオーストラリアアシカ、ニュージーランドアシカ、オーストラリアオットセイ、ニュージーランドオットセイが、南アフリカ沿岸にミナミアフリカオットセイ（オーストラリアオットセイの亜種）が、先に紹介した南極周極流のなかに浮かぶ亜南極の僻遠の島じまにナンキョクオットセイ、アナンキョクオットセイ、ミナミゾウアザラシが分布し、それぞれの場所で繁殖をつづけている。

＊

アシカ科の進化についていえば、化石の研究から、いまからおよそ三八〇〇万年前、北米大陸にカワウソに近い動物がすんでいたことが知られている。やがてこの動物は、ロッキー山脈などに隔てられて、北米大陸の西部にすむものと、東側にすむものとが分かれて暮らすようになる。

西側にすんだものは二八〇〇万年前あたりには太平洋岸まで達し、エナリアークトスという動物を生みだした。これは、体

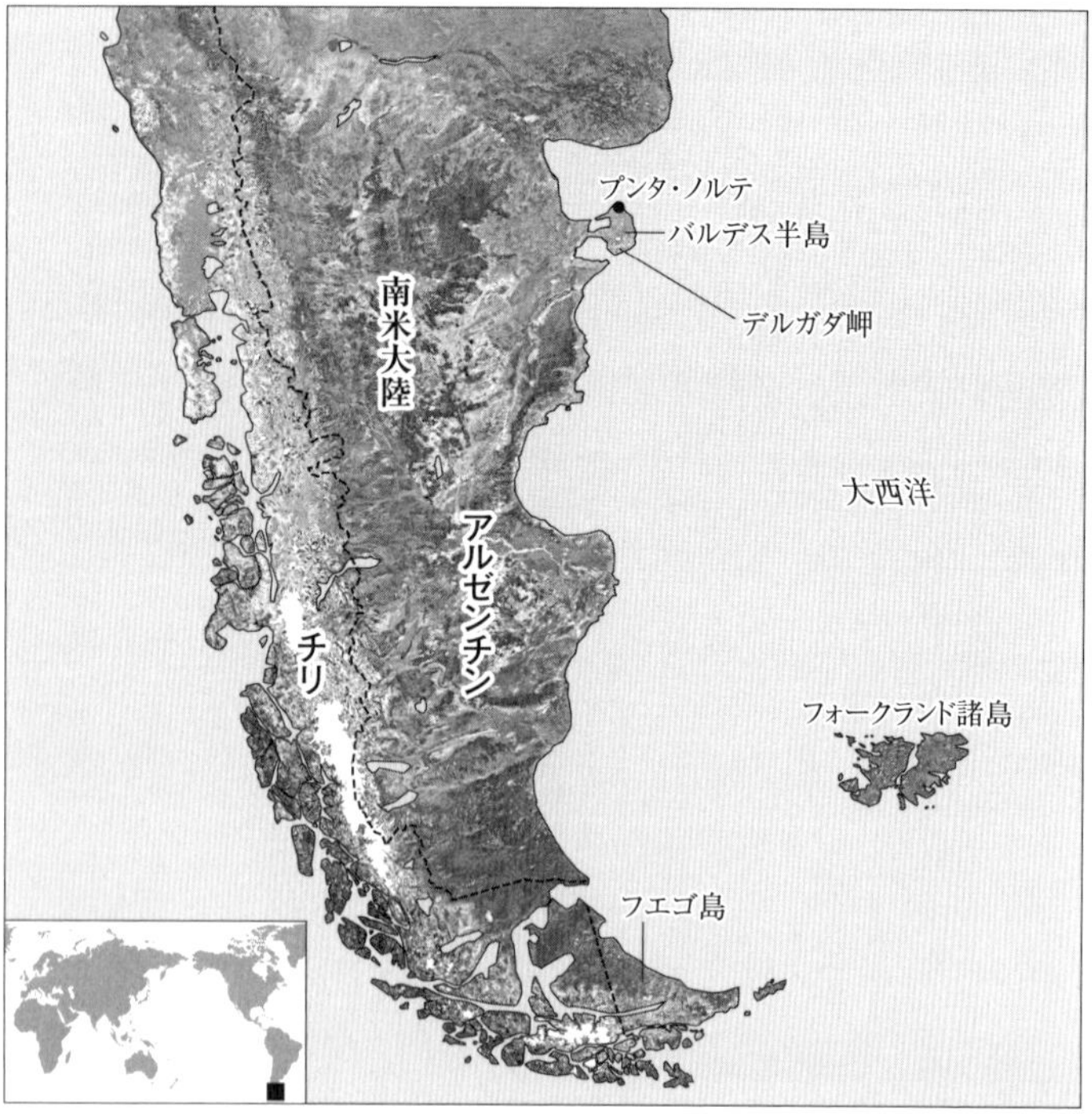

地図6　南米大陸南部

長一メートル半くらいで、すでにひれ状の四肢をもっていた鰭脚類だ。一六〇〇万年前には北米大陸の北西岸に、はっきりとアシカの祖先と思われる動物が出現し、六〇〇万年前くらいまでには、現在のアシカ、オットセイにつながる動物が広く生息するようになったようだ[1]。

現生のアシカ類でいえば、共通の祖先から最初にキタオットセイが、そのあとで北太平洋のアシカ（カリフォルニアアシカやトド、すでに絶滅したニホンアシカなど）が枝分かれをしたと考えられている。

さらに、地球が寒冷化した時期に赤道を越えて南半球に進出した彼らの仲間は南方に進出し、一気に分布域を広げながら多くの種に分かれていく。そのとき、すでに誕生していた南極周極流は新天地を求めるアシカ、オットセイの祖先たちの胃袋を支え、分布域を広げるのに一役も二役も買ったはずだ。

アルゼンチン・パタゴニア、バルデス半島から

パタゴニアとは、南米大陸の南緯三九度以南の地を指す（地図6）。国でいえば、チリとアルゼンチンが含まれるが、チリはアンデス山脈とそこから太平洋につづく急峻な土地が多いのに対して、アルゼンチンのほうはチリに国境を接する西部ではアンデス山脈の懐にあたるけれど、東部は大西洋にいたるまで広大な平原がつづく。

この大地には、アンデス山脈で雪や雨を落として、からからに乾燥した風が吹きぬける。一八三六年、ビーグル号で世界周航の旅を終えた博物学者チャールズ・ダーウィンが、ほかのどの地にも増して愛着

写真6-1　バルデス半島をとりまく海に繁殖のために集まるミナミセミクジラ

をいだいたパタゴニアは、砂と岩と、わずかな灌木類が生えるだけの渇いた土地である。パタゴニア（「大きな足」の意）とは、一五二〇年にマゼランの一行が、この地にたどり着いたとき先住民の大きな足跡を目にしてこう名づけた。

平原を遠望するとき、たちのぼる陽炎の向こうでわずかに動いて見えるのは、放牧されているヒツジの群れ。かつては、ウマにまたがったガウチョ（南米のパンパスで働く牧場労働者）たちが、動物を追って勇壮に駆けぬけた土地。そしていまは、ときおり砂塵をあげて疾走する車の隻影だけが、眺めるものを現実の世界に引き止める。

パタゴニアの大地が大西洋と交わる場所は、南から流れる豊かなフォークランド海流に乗って、多くの海の動物が集まる場所である。なかでもホットスポットと呼べるのが、いまぼくが向かっているバルデス半島——大西洋に向かって小さくキ

写真 6-2　バルデス半島をとりまく海岸に集まるミナミゾウアザラシ

ノコのように突きだした半島である。

バルデス半島のまわりは、海洋動物が豊かに集まる場所で、海岸では季節によってミナミゾウアザラシやオタリア（南米大陸に生息するアシカの仲間）がコロニーをつくり、とりまく海には巨大なミナミセミクジラが出産と子育てのために、シャチは豊かな獲物を求めて姿を見せる。かつてこの半島でクジラの研究をつづけたロジャー・ペイン博士はこの半島を、もうひとつの陸上の野生動物の楽園にたとえて、「海のセレンゲティ」と呼んだ（写真6-1、6-2）。

いまぼくが訪れようとしている季節は一一月。バルデス半島をとりまく海岸で繁殖期を迎えているミナミゾウアザラシの生態を観察するためである。

パタゴニアの大地をいく車は、いわば大洋をいく小舟である。大洋を渡るうねりのように、大地は大きくたおやかに波うち、そのなかを悪路に揺られながら進んでいく。移動する車の窓の外には、背の低い灌木類が散在する平原が広がり、バックミラーのなかでは、車が舞いあげる砂塵が跳ね躍って見えた。

ミナミゾウアザラシの浜

バルデス半島の細い首すじにあたる場所に、保護区に入るためのチュブ州の管理事務所がある。そこで撮影許可の確認が終われば、そこから先は、道路の左右にグアナコの群れやダーウィンレアの姿が見えてもおかしくない、野生動物の楽園である。

向かうのは半島の南端デルガダ岬。ミナミゾウアザラシが大きなコロニーをつくっている場所である。バルデス半島は隆起によってできた半島である。まわりは海岸段丘に囲まれた台地状で、その斜面には、かつてそこが海底であったことを示すように、多くの貝殻や海洋生物の化石が産出する。こうした崖の縁に立つと、渡る風が動物たちの咆哮とともに、生き物特有の生ぐささを運んでいる。そして海岸線を見下ろせば、波打ち際に褐色の塊が折り重なるのが見えた。そのひとつひとつが、ミナミゾウアザラシである。

ぼくたちは、海岸に向かって崖の急峻な斜面を、砂まみれになりながら降りていく。南半球が初夏に向かう季節とはいえ、南緯四二度の海から吹く風は冷たい。

わずかな高度を残して、海岸に近づいたときだ。遠くから、ドラムを打つような音が耳朶を打つ。海岸を遠望すると、巨大な二頭の動物が波打ち際で体をぶつけあっていた。

闘っているのはミナミゾウアザラシの雄どうしで、大きいものでは体長五メートル、体重四トンに達する。アシカ、アザラシなど（セイウチも含めた）鰭脚類のなかで最大の種である（北半球にキタゾウアザラシが生息するが、ミナミゾウアザラシのほうがいくぶん大きい）[2]。

ドラムを打つような音は、成長した雄ならば自慢の、また名前の由来にもなった大きな鼻をより膨ませて、そこに共鳴させて響かせる声である。英語でも文字どおりElephant sealと呼ばれる。

向かいあった二頭の雄は、自分の体をより大きく見せようとするのだろう、上半身を高くもちあげて威圧しあう。たがいの目は大きく開かれ、荒々しい息とともに開かれた口には、鋭い犬歯が見える。高く伸ばした首を大きく左右に振ってはたがいの体を打ちあい、ときには相手の首筋に嚙みついたりする（写真6-3）。

一方は、この海岸にすでになわばりを構えている雄のビーチマスター。一方は、海岸に群れる雌を求めて侵入した若い雄である。たいていの場合は、新参の雄は屈強のビーチマスターに威嚇されるとすぐに逃げだすものだが、このときはそうではなかった。若い雄が闘いを挑んだ。

浜に咆哮を響かせ、肉塊を揺らしながら巨体をぶつけあう。もちろん、どちらかが逃げだせば闘いは終わるはずだが、両者の力が拮抗しているほど闘いは長引く。まわりでは雌たちが遠まきに、この闘いを眺めている。

相手の歯で首筋の皮膚が裂け、両者の首筋が血で赤く染まりはじめるころには、ともに目を見開いて

写真 6-3　ミナミゾウアザラシの雄どうしが海岸で激しい闘いを見せる

修羅の形相である。とりわけビーチマスターは、これまで何度もこうした闘いを経験してきたのだろう。首筋に刻まれる傷は、いまついたものだけではない。重なりあう無数の傷跡が、これまでの幾多の闘いを物語っている。

やがて形勢は明らかになりはじめた。若い雄がビーチマスターに押されて後退する場面が多くなり、まもなく一目散に海に向かって逃げだしていった。そのとき、打ち寄せる波が首筋の血を洗って、まわりの海水が赤く染まって見えた。

とはいえ、ビーチマスターがいつも勝者であるとは限らない。彼らはほかのどの雄たちよりも、なわばりとそこに群れる雌たちを守るためにエネルギーを消耗しつづけている。そのために、繁殖期も後半になると、ビーチマスターの交代劇もめずらしいことではなくなる。と同時に、新たなビーチマスターは、別の雄たちの挑戦にさらされることになる。

アザラシがたどった道

アザラシの多くは（もちろん例外はあるものの）北極や南極の海氷上で繁殖すると先に紹介した。北半球ではアゴヒゲアザラシやタテゴトアザラシたちがそうだったし、南半球では（この本の後半で紹介する）多くのアザラシが南極の海氷上で繁殖する。しかし、そうでない代表格がゾウアザラシとモンクアザラシの仲間である。

ゾウアザラシの仲間では、北半球にキタゾウアザラシが、南半球にミナミゾウアザラシが、多くのアザラシたちにくらべれば比較的低い緯度に暮らしている。とすれば、彼らが繁殖のために集まるのは、アシカの仲間と似た場所になる。じっさいに北米大陸の西海岸、アメリカのカリフォルニア州からメキシコのカリフォルニア半島にかけての太平洋岸に分布するキタゾウアザラシは、分布域を重ならせるカリフォルニアアシカと同じ海岸で同居していることも多いし、ミナミゾウアザラシならこのバルデス半島ではオタリアと、南極周極流のなかに浮かぶ島じまではナンキョクオットセイやアナンキョクオットセイと同じ海岸で暮らしている。

ちなみにアザラシ類の進化でいえば、以前は、北太平洋に泳ぎでた鰭脚類の一部が、かつては離れていた北米大陸と南米大陸の間の〝中央アメリカ海峡〟（いまはパナマ地峡がある）から大西洋側に進出して、アザラシ科として進化してきたと考えられたこともある。しかし、近年の研究では、もっと前からアザラシの祖先が北大西洋にいたと考えられるようになり、もともと大西洋岸から海に入りはじめたのではないかと考えられるようになった[1]。

現生のアザラシのなかで、原始的な特徴をもっているものは、地中海にすむチチュウカイモンクアザラシ、大西洋の西側ではカリブカイモンクアザラシ（二〇世紀に絶滅）、さらに太平洋に進出してハワイ諸島にたどり着いたハワイモンクアザラシなど、モンクアザラシの仲間である。

やがて彼らの仲間が、はるか南へ移動して南極海に達する。彼らは南極周極流に乗って分布域を広げるとともに、南極大陸をとりまく氷にとりまかれた世界で、ほかの競争者に邪魔されることなく、アザラシたちの一大楽園をつくりだした。こうして登場してきたのが、ウェッデルアザラシ、ヒョウアザラシ、カニクイアザラシ、ロスアザラシたちで、現在南極を含む南半球に生息するものはモンクアザラシ亜科としてまとめられている。

*

一方、別のグループは大西洋を北方に進出し、さらには北極海に広く分布するようになる。いまでは北極海を中心に比較的高緯度の海に、ワモンアザラシ、アゴヒゲアザラシ、ズキンアザラシ、タテゴトアザラシ、クラカケアザラシ、ゴマフアザラシ、ゼニガタアザラシたちがすんでいる。北極圏を中心に北半球の高緯度地方に生息するアザラシたちは、ゴマフアザラシ亜科に分類される。

そのなかでゾウアザラシ類はどうかといえば、おもに南半球に分布するモンクアザラシ亜科に属す。とすれば、アザラシの祖先が南大西洋を南進したときにミナミゾウアザラシを生みだし、彼らは南極周極流に乗って亜南極の島じまにも広がると同時に、一部が太平洋を北へ、北米大陸の太平洋岸でキタゾウアザラシを生みだしたのだろうか。あるいは、北米大陸と南米大陸の間を行き来できた時代に、中央アメリカ海峡を通って太平洋に泳ぎでたアザラシの祖先が、現在ハワイ諸島に生息するハワイモンクアザラシや、北米大陸の太平洋岸でキタゾウアザラシを、それらが南進してミナミゾウアザラシを生みだしたのか、想像はさまざまに広がっていく。

海岸に密集して繁殖する

いずれにせよ、アザラシとしてはめずらしく、広大な海氷上ではなく、狭い海岸に密集して繁殖するゾウアザラシ類は、アシカ（およびオットセイ）に似た暮らしぶり、つまりは力のある雄が繁殖地の一定の場所をなわばりにして、そこで出産する多くの雌たちと繁殖活動を行うという暮らしぶりになる。それ故に、巨大な雄どうしの闘いも起こる。

ちなみに、まわりの海岸に寝そべってすごすミナミゾウアザラシの雌たちは、雄にくらべてずっと小さく、体長はせいぜい三メートル、体重は九〇〇キロ程度。この雌たちは、繁殖のはじめに雄がなわばりを構えた海岸に上陸して、前年に宿した子を出産する。

いま海岸には多くの雌たちが、それぞれの子どもに乳を与えている。成獣が灰褐色であるのに対して、生まれてまもない子の体色は黒褐色でとりわけめだつ（写真6-4）。

出産した雌は、三週間ほど継続して子どもの面倒を見ながら、その授乳期の後半には発情期を迎えて、

写真 6-4　ミナミゾウアザラシの母子

その海岸をなわばりにするビーチマスターと交尾を行うことになる。しかし、雌たちはほかの雄たちにも狙われる。

あたりを見まわせば遠まきに、所在なげにすごす雄たちの姿がある。しかし彼らは、ただ居眠りをしているだけではない。

彼らはなんとかビーチマスターの目を盗んで、雌のところまでたどり着く機会を狙っている。ビーチマスターが見ていないすきに、何歩かを早足で進むと、めだつのを避けるように浜に身を伏せてようすをうかがう。そのときの彼らの目は、あらぬ方角を向いて、さも自分が雌に興味をもっていないかに振る舞うのがおかしい。そして、そのときビーチマスターがなにも行動を起こさなければ、新参の雄はふたたび雌に向かって、何歩かを早足で進める。

一方、雌たちの間で惰眠をむさぼるように見えるビーチマスターも、じつは注意を怠っていない。近づいてくる雄がいれば、鼻に共鳴させた声で威嚇し、それでも新参者が立ち去らなければ、巨大な肉塊を揺らしながら侵入者に突進していく。そのとき、雄はあたりにいる小さな子アザラシを気にかけることなく、突進していくビーチマスターが赤ちゃんアザラシを踏み殺してしまうこともめずらしくない。

こうしてビーチマスターの突進を受ければ、たいていの侵入者は大慌てで逃げだしていく。こうして侵入者を追い払ったビーチマスターはまた雌の群れの間に陣取り、逃げた若い雄は遠くからそのようすをうらめしげに眺めるだけだ。しかし、稀にビーチマスターに立ち向かうものがあれば、先に書いたような激しい闘いに発展することになる。

およそ三週間の授乳期を終えた母親は、子を海岸に置き去りにして大海原に餌とりに出かけていく。雌たちは子育ての間は絶食し、失った体重の三分の一をこれからとり戻すことになる。

一方、離乳するころの子どもは体重百数十キロ。体色も艶やかな銀灰色に変わる（一二九ページの章扉写真参照）。離乳当時は見るからに丸丸と太っているが、彼らが自分で海に入りはじめ、さらには自活できるまでは体に貯めた栄養だけが頼りになる。

季節が進めば、海岸にはそれなりに大きく成長した子どもたちが母親から乳をもらう光景が繰り広げられる。その子どもたちにも、まもなく独りだちに向けた試練の時期が訪れることになる。

オタリア――南アメリカ大陸に生息するアシカ

もう一種、このバルデス半島の海岸で見られる鰭脚類はオタリアである。

オタリアとは、南米大陸沿岸に生息するアシカの仲間で、英語でSouth American sea lion。学名*Otaria flavescens*の属名から一般にオタリアと呼ばれる。

ミナミゾウアザラシの繁殖期が一〇〜一一月であるのに対して、オタリアの繁殖期は二〜四月。そのために、そこで観察されるミナミゾウアザラシとオタリアの数や暮らしぶりは、季節によって大きく異なるけれど、オタリアの子育ての期間が一年半にわたって長いことや、繁殖期を終えていったん海洋生活をはじめたミナミゾウアザラシも、ふたたび海岸に上陸して換毛を行うなどのために、いつ訪れても両方の種をなにがしかの形で見ることはできる。それでも、海岸がもっとも賑やかになるのはオタリアの繁殖期にあたる二〜四月だろう。

多くのアシカの仲間と同様、オタリアの繁殖期がはじまる二月ごろに、大きな雄が繁殖地になる海岸になわばりを構える。一般にアシカ科の雄は雌にくらべて体がずっと大きく、ときに首まわりにたてがみを発達させる。そのために英語でsea lionと呼ばれるけれど、オタリアの雄のたてがみはほかのアシカ以上に立派である。[3]

彼らが多くのアシカの仲間と同様に前肢で体を支えて、上半身をもちあげる姿は、ひときわ大きな頭部とたてがみの立派さで、なかなかの風格があるものだ（「巻頭カラー図鑑」参照）。陸上のライオンの雄もそうだが、雄どうしが激しく闘うとき、たてがみは首まわりを守るのに役立つだろう。

そしてオタリアのもうひとつの特徴は、ほかのアシカの仲間にくらべて鼻先が押しつぶされたように短く、太いことである。幸いオタリアは日本の水族館でも飼育されているために、その姿を観察するの

写真6-5　オタリアの母親は数日間海に餌とりに出かけては、繁殖地に戻って子への授乳を繰りかえす

はむずかしいことではない。

こうして雄が海岸になわばりを構えたあと、多くの雌たちが上陸して（前年に宿した子を）数日後には出産する。そして、（これも多くのアシカの仲間と共通したやり方だが）一週間ほど継続して子の面倒を見たあとに、発情を迎えて交尾を行う。さらに数日間程度の餌とり旅行のために海に出かけては、また子のもとに帰ってきて授乳を行うことを繰りかえすようになる（写真6-5）。

授乳は一年半にわたってつづくけれど、子の成長とともに、一回一回の餌とりに出かける期間が少しずつ長くなっていく。そして、母親が餌とりに出かけている間は、子どもたちは海岸で集まってすごすのだが、ほかのアシカの仲間以上に、子どもたちがより密集して集まるのもオタリアの特徴である。

プンタ・ノルテ（北の岬）

アシカやアザラシは、海の生態系の頂点に近い暮らしをする動物だが、彼らを襲う動物がいないわけではない。世界の各地でアシカやアザラシのとりわけ子どもたちは、サメに狙われやすい存在でもある。さらに、おそらくはもっと高い頻度でアシカやアザラシを捕食しているのはシャチだろう。

とはいえ、アシカやアザラシがシャチに襲われる光景を直接目にする機会は――たいていは海中での出来事であるために――相当にめずらしい。しかし、このバルデス半島ではシャチがオタリアやミナミゾウアザラシを襲う光景が海岸で繰り広げられる。

時期は、ミナミゾウアザラシにしてもオタリアにしても、ある程度成長した子どもたちが母親から離れ、自分たちだけで水辺で遊びはじめる時期、とすればミナミゾウアザラシなら一一月、オタリアなら三〜四月あたり。これらの時期、海岸で遊ぶミナミゾウアザラシやオタリアの子どもたちを狙って、シャチが沖から一気に海岸に近づいたかと思うと、寄せる波とともに海岸に乗りあげてくわえとっていくのである。

世界のドキュメンタリーなどであまりによく知られた場面だが、それが起こるのは、きわめて限られた場所である。バルデス半島のなかのプンタ・ノルテ（北の岬）という場所だが、その海岸のなかでもじつに限定された地点になる（地図6）。

プンタ・ノルテの海岸の地形は、潮が引けば見えるようになるけれど、砂利が広がる浜から下方は一面ごつごつの岩場が広がっている。そのため、たとえ潮が満ちて海がこの岩場を隠したとしても、十分に浅く、体の大きなシャチは岩場が広がる場所を泳ぐことができない。

しかし、ときに岩場が切れて、沖から波打ち際まで伸びる水路が何本かある。シャチたちは、満潮時にこの水路を通って波打ち際に接近して、そこですごすミナミゾウアザラシやオタリアの子どもたちを狙うのである。

ぼくはこれまでこの場所で、何度か観察と撮影を行ったことがある。海岸は、オタリアにとってもミナミゾウアザラシにとっても、またそこに現れるシャチにとっても貴重な場所で、海岸に立ち降りるだけでも地元のチュブ州から厳しい許可を得る必要がある。

現地の保護官の案内で早朝海岸に出かけると、まだ太陽は赤みをおびた光を海岸に投げかけ、砂の上に休むオタリアの褐色の体を茜色に染めあげる。彼らの間を、白いはずの翼を緋色に染めたカモメたちが飛翔する。

ぼくは保護官とともに、水路がある（ただし、いま海は満ちていて水路そのものは見えない）場所から少し浜をあがった場所にある窪地に身をかがめた。こうして満潮をはさんでの何時間か、いつか現れるシャチを待ってすごすのである。

海岸の各所には、オタリアやゾウアザラシがコロニーをつくっており、ときおり活発なオタリアの子どもたちが海岸を行き来するけれど、彼らを驚かせることがないように、ほんとうに静かに身を潜めた格好で待ちつづける。

ポットに入れてきた温かいコーヒーを飲みながら、目前の海岸で遊ぶオタリアたちを観察したり、沖に吹く風に乗って優雅に飛翔するアホウドリの姿を双眼鏡にとらえたりしてシャチの出現を待つ。もしもトイレに行きたくなれば、海岸のオタリアを驚かせることがないよう、身を伏せた格好で海岸の後方へ向かい、茂みの陰で用を足す。

ぼくがこの場所で観察するときには、三月末~四月にかけてのオタリアの子育ての最盛期に、二週間にわたって行うのがふつうだった。つまりシャチが現れようが現れまいが、一日五~六時間、移りゆく雲のさまやめぐりゆく太陽を眺めながら、一四日間にわたって海岸で待ちつづける。

もしも東京から地球の中心に向けて巨大な針をさしこめば、地球の裏側ではバルデス半島からわずかに北東へいった地点に針先が突きだすはずだ。そのときぼくがいるのは、まさに日本から地球の裏側にあたる場所で、そのこと自体やここにやってくるまでに経た手続きや行程を考えれば、空の雲、海を渡る波を眺めるだけで、不思議な達成感に包まれたものだ。

シャチに襲われるオタリア

オタリアやミナミゾウアザラシの繁殖の季節には、シャチたちは獲物を求めてバルデス半島の沿岸を広くパトロールしつづけているはずだが、プンタ・ノルテでいつもシャチが見られるわけではない。多くの時間をただ待ってすごすことになるけれど、頼るべき情報は、ぼくたちが待つ地点から左右それぞれ何キロか離れた場所で目を光らせる地元のレンジャーたちからのものである。

すなわち、プンタ・ノルテの南（ぼくたちが待つ場所からは右手にあたる）で観察するレンジャーから「北に向かって泳ぐシャチを目撃」や、北（ぼくたちが待つ場所から左手にあたる）で観察するレンジャーから「南に向かって泳ぐシャチがいる」と連絡があれば、沖を泳ぐシャチの姿がまもなくぼくたちの目に入るはずだ。

やがて連絡があった方角に、遠くシャチの背びれを双眼鏡にとらえることになる。そのまま接近してくれることもあれば、あるところでUターンして姿を消してしまうこともある。また、接近してぼくたちが待つ浜の沖を泳ぎながら、岸に近づかないことも少なくない。ぼくたちは一喜一憂しながら、海中に姿を消してはときおり海面に現れるシャチの背と背びれの動きをとらえつづける。

散々待ったあげくのシャチの出現に、たとえその姿がまだ遠いものであったとしても、ぼくの心は沸きたち、さらにシャチが水路に沿って海岸に接近する動きを見せるなら、興奮は一気に高まっていく。いつなにが起こってもいいように、カメラの調子をあらためて確かめるのが常だ。

一方、シャチの接近を知った経験豊富な大人のオタリアたちは、海岸の高いところにあがって――シャチが波打ち際より高い場所まで乗りあげることはできない――休んでしまう。海のなかにいるものたちもいるが、彼らは岩場や水路がある場所を熟知しており、絶対に襲われることがない岩場の上にとどまっている。

危険なのは、まだ経験も少なくシャチの怖さも知らないオタリアの子どもたちである。とりわけ母親が海に餌とりに出かけている間、子どもたちは数頭の群れになって波打ち際で遊ぶことが多い。彼らは、海面下に岩場があるところかどうかも気にかけていない。

五〜六頭のオタリアの子どもたちが、ぼくたちが待つ目前での波打ち際で遊びはじめたときだ。その先には、いまは海面下にあって見えないけれど、沖につづく水路になっている。そのとき沖を泳ぐシャチの背びれが、水路のなかに向かうのを見た。

オタリアの子どもたちは、恐れを知らずに遊びつづけている。一方、シャチの姿は海面下にあって見えないけれど、すでに水路のなかを波打ち際に向かって泳いでいるに違いなかった。

水路があるはずの場所を見ると、風によるものではない波が海面を渡っていく。おそらくは海面下をいくシャチの動きによるものだろう。

ふいにシャチの背びれの先端が海面から突きだしたのは、すでに波打ち際の近くで、あたりの深さからいってシャチは海面に姿を見せざるをえなかったのだろう。海面下で勢いをつけて泳ぐ巨体が起こす波が一気に高まりながら、波打ち際に向かって渡っていく。

ようやく危険に気づいたオタリアの子どもたちが、思い思いの方向へ逃げはじめたときだ。波のなかから現れたシャチは、そのままの勢いで浜に乗りあげたかと思うと、あたりを水しぶきが包んだ（写真6-6、6-7）。

覗き見るファインダーのなかでは、弾ける水しぶきの白やシャチの背の黒が交錯して、なにが起こったのかさえわからない。それでも、指はシャッターを切りつづける。そして、何秒かのあとに水しぶきがおさまったとき、シャチの口に一頭のオタリアの子どもがくわえられているのを見た。まわりでは、

上：写真 6-6　バルデス半島で繰り広げられるシャチのオタリア狩り
下：写真 6-7　シャチに狙われるのは、ほとんどがその年に生まれた子どもだ

難を逃れたオタリアたちが四方に逃げ惑う。

くわえられたオタリアの子どもは、最初は動いていたけれど、シャチが首を動かして獲物を激しく振りまわすと、ただだらりと垂れ下がる肉塊に変わった。

シャチは波打ち際で体を海に反転させはじめる。ときに完全に浜に乗りあげてしまった巨体を動かすのは多少の難事になることはあるが、胸びれを突っぱるようにして向きを変えたり、寄せる大きな波にも助けられて、頭を沖に向けはじめる。やがて大きな波が寄せて巨体がわずかでも水に浸かると、尾びれで強く水を蹴って一気に水のなかに体を浮かべた。

この狩りは、シャチにとっても危険なもので、稀に自身が海に帰れなくなってしまうこともある。そのためにこの海のシャチたちは、子どものころから母親とともに（オタリアがいないときでも）海岸に乗りあげる練習をする光景が観察されている。もし海岸に乗りあげた子どものシャチが海に帰れなくなったときには、その横に母親が乗りあげて、自分の体で子どもを海に押し返す行動も確認されている。

いま、首尾よく海に帰ったシャチのまわりで何度か大きくしぶきがあがったのは、海のなかでも獲物を振りまわしているからだろう。アシカやアザラシの仲間が大きな魚などを捕らえたときも、同じように海面で獲物を激しく振りまわして肉塊を引き裂こうとするものだ。

その動きに、それまで海上を長い翼で優雅に滑空していたオオフルマカモメなどの海鳥たちが、シャチのまわりに集まりはじめる。引きちぎられ、まわりに飛び散る肉片を求めてのことだ。海岸から覗き見る望遠レンズごしにさえ、海面に漂う赤い小片を見ることができた。

やがて波間に見えるシャチの背びれは、ゆっくりと沖に向かって泳ぎはじめる。そのときになって、ぼくはようやく一息つけるけれど、いま起こった一連の出来事のなかで、決定的瞬間と呼べる部分が納得できるように撮れていることはきわめて稀だ。多くの場合は、水しぶきだけであったり、一番撮りたい部分が写真から外れていたり。いま見た光景による興奮の余韻と、うまく撮影できなかった残念さとが、落ち着きはじめた心のなかで交錯する。

ふたたび目を海岸に移すと、先ほどまで逃げ惑ったオタリアの子どもたちが、すでに波打ち際を行き交いはじめている。彼らは、ほんの何分か前に海のなかから突然現れて、仲間の一頭をくわえとっていった悪魔のような動物をどう記憶にとどめているのだろう。一方で浜の上のほうでは、大人のオタリアたちの多くが、シャチが去ったのを確かめるように、沖に向けて視線を送っていた。

アシカとオットセイ

先にガラパゴスアシカとガラパゴスオットセイについて、彼らが餌場や獲物になる生物、あるいは採餌時間をうまく使い分けていることを紹介した。すなわち、ガラパゴスアシカはおもに日中に沿岸で、底生動物を含む多彩な獲物を捕食するのに対して、ガラパゴスオットセイのほうは夜間におもに沖合で、群集性の小魚などを食べるということだった。つまりは、同じ海域に近縁の二種の動物が生息する場合、おたがいにより異なる餌や生活のための資源を利用するようになる。

南米の南部沿岸ではオタリアとミナミアメリカオットセイが、生息域を重ならせている場所がある。

そんな場所では、この二種も餌生物や餌とり場所を、うまく使い分けている。オタリアがおもに沿岸で多彩な生物を捕食する一方、ミナミアメリカオットセイが沖合を餌場にするといった具合である。[4]

そしてもうひとつ、生息域を重ならせるアシカとオットセイの間で見られる興味深い関係がある。もともとアシカとオットセイとは系統的に分けられるものではないけれど、「オットセイ」と呼ばれるものが一般的により小柄であることは紹介した。そのために、体の大きな雄のオタリア（体重最大三五〇キロ）にとっては、ミナミアメリカオットセイ（成獣で雄なら一二〇〜一五〇キロ、雌なら四〇〜六〇キロ）の小さな子は格好の獲物になってしまう可能性がある。

どうやらミナミアメリカオットセイの子は相当な頻度で、オタリアの雄に襲われることがあるらしい。それも、稀に襲われるのではなく、場所によってはオタリアによる捕食が、ミナミアメリカオットセイの繁殖率を左右しかねないほど、ともいわれている。[5]

別の場所でいえば、ニュージーランドやオーストラリアの南部には、ニュージーランドアシカとニュージーランドオットセイが生息する。ニュージーランドアシカは雄で体長二・七メートル、体重四五〇キロ、雌で体長二メートル、体重一六〇キロに達するのに対して、ニュージーランドオットセイのほうは、雄で体長二メートル、体重二〇〇キロ、雌で体長一・五メートル、体重五〇キロ程度。こちらもときにニュージーランドアシカが、ニュージーランドオットセイを襲うことが知られている。[6]

◀次頁：白化型のナンキョクオットセイ
（サウスジョージア島で）

第7章　亜南極の島に暮らす

サウスジョージア島

サウスジョージア島という名は、あまり広くは知られていないかもしれないが、動物好きの人びとには、オウサマペンギン（キングペンギン）やナンキョクオットセイ、ミナミゾウアザラシの群れが海岸という海岸を埋めつくす場所として、たとえようのない憧れをかきたてる場所である。

南米大陸の最南端フエゴ島の東方、およそ一三〇〇キロの南大洋上に浮かぶ絶海の孤島である。イギリスの航海者キャプテン・クックによって一七七五年に南極大陸に向けた航海のなかで偶然に発見された島で、いまでもイギリスの海外領土になっている。

サウスジョージア島を生き物たちの楽園にしているのは、なにより地球上でのその場所である。ひとつの要因は、南極前線（南極収束線）――つまりは、南極大陸からの冷たい水塊と、北方からのいくぶん暖かい水塊がぶつかりあう場所――が島の北側を走っていることである。もちろんこの線は目には見えないけれど、海の環境を厳然と二分する境界である。

とすれば、島をとりまく海はすでに南極海とも呼べる環境である。そしてこの海域の海の生態系を支えるのが、ナンキョクオキアミという体長六センチほどの甲殻類で、全体で四億～五億トンとも考えられている。ちなみに、人類が八〇億人として平均体重を四〇キロと考えたときの総量が三・二億トンだから、ナンキョクオキアミがいかに多いかがわかるだろう。シロナガスクジラやザトウクジラなどの大型のヒゲクジラや多くのペンギンたちなど、南極海に生きる動物たちはほぼすべてナンキョクオキアミ

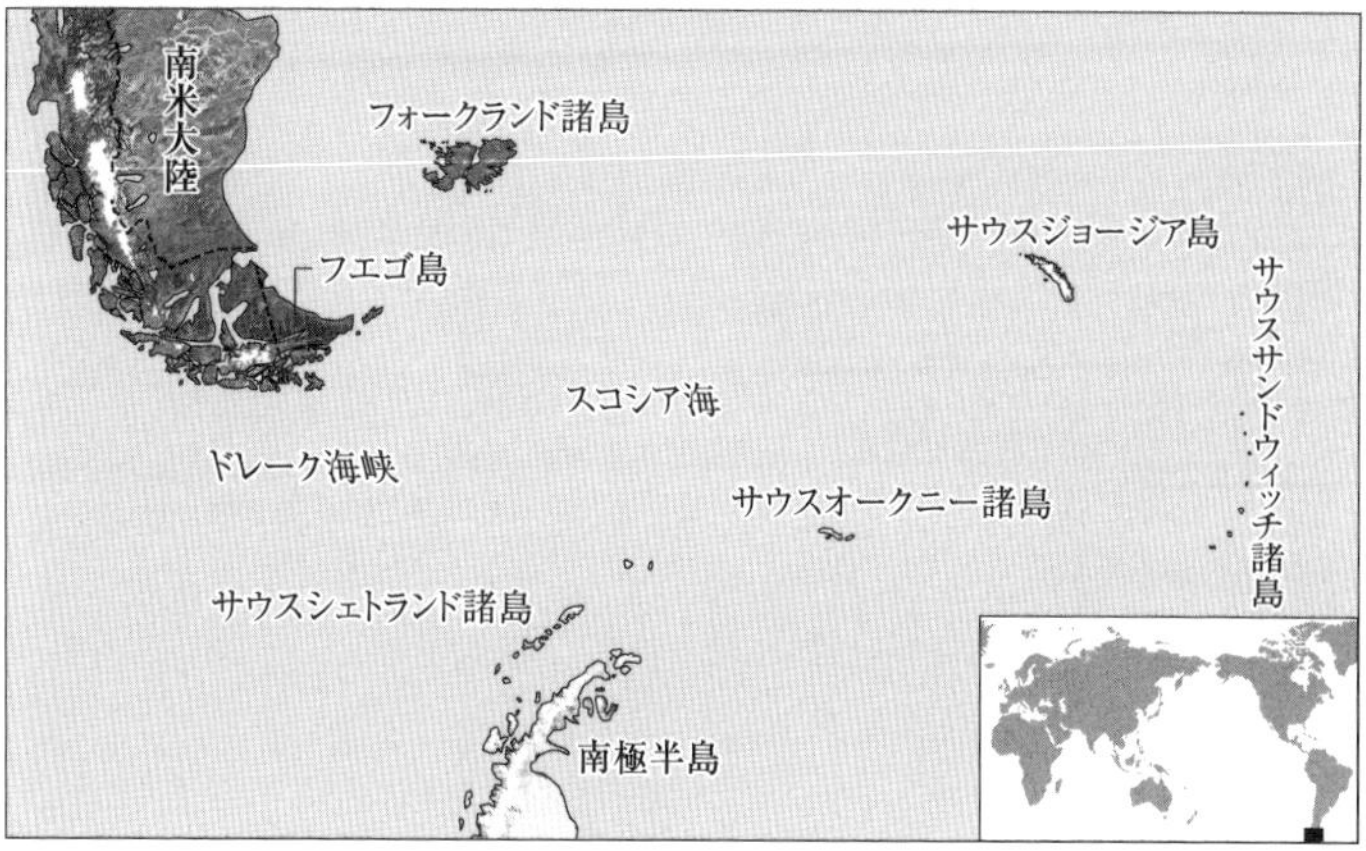

地図７　スコシア弧を形づくる島じまとスコシア海

の恵みに支えられている。

もうひとつは、サウスジョージア島をとりまく大陸を含む陸地の配置である。

一三〇ページで紹介したように、南極大陸と南米大陸が切り離されたとき、その間にサウスジョージア島やサウスオークニー諸島といった残渣のような島じまをつくりだした。やがて、南極大陸も南米大陸もプレートに乗って西方に動いたため、間にある島じまだけがとり残される格好になった。現在では、南米大陸の南端にあるフエゴ島から東方へフォークランド諸島、サウスジョージア島と花綵《はなづな》のように連なりながら、サウスオークニー諸島あたりで連なる向きをゆるやかに西方に変えつつ、サウスサンドウィッチ諸島を経て南極半島へと弓状につづいていく。

この島じまのつながりはスコシア弧、この弧に囲まれた海域はスコシア海と呼ばれる。また南米最南端のフエゴ島と南極半島の間は、幅八〇〇キロの、荒れることで知られるドレーク海峡が隔てている（地図７）。

写真 7-1　ナンキョクオキアミ。体長 6 センチほどで、オキアミ類のなかでは最大種

南極周極流は、なににも遮られることなく南極大陸を周回するように流れている。海流がめぐるほとんどの場所は広大に広がる南大洋だが、狭いドレーク海峡を越えるときには、じょうごの口を抜けるように駆けぬけて、島じまにぶつかってかき乱される。海水がかき乱されることは、深場の栄養分が光射す表層にもちあげられるために、生物生産を豊かにする必須条件でもある。

さらに、南極半島周辺の海域（西側のベリングスハウゼン海と東側のウェッデル海）は、膨大な数のナンキョクオキアミの卵が産みだされる、南極海のなかでも際だったナンキョクオキアミの故郷でもある。そこで誕生したナンキョクオキアミの一部は、南極周極流に乗ってサウスジョージア島周辺にたどり着く。こうしてサウスジョージア島をとりまく海域は、南極海のなかでもとりわけナンキョクオキアミが集中する場所にもなる（写真7-1）。

とすれば、シロナガスクジラを含む多くのヒゲクジラ類などの海洋動物が集まってくる。かつて南極海で商業捕鯨がさかんに行われたころ、サウスジョージア島周辺の海域は主要な操業場所であった。そのため、操業場所に近いサウスジョージア島には、一九〇五年にノルウェーの捕鯨会社がいくつもの基地をつくった。こうして地球上でもっとも豊かといわれる海域のただなかに浮かぶサウスジョージア島に、多くの動物が集まっていても不思議はない。

サウスジョージア島への航海

このサウスジョージア島にぼくが最初に訪れたのは、二〇〇五年一月のことだった。

かつてこの島で働いていたノルウェーの捕鯨業者たちの家族や親族がつくる親睦団体が、操業からちょうど一〇〇年にあたる年に、島に残されて朽ち果てていくいくつもの捕鯨基地の調査と慰霊のために、南米最南端のフエゴ島にある港ウシュアイア（アルゼンチン）からサウスジョージア島にいく船を出すことになった。それにぼくも同乗できたからである。

ウシュアイアからサウスジョージア島は、ほぼ真東へ一三〇〇キロ。南極周極流に乗っていくにしても、けっして船足が速いとはいえない船では、東西に長いサウスジョージア島の西端まで まる三日かかる。

世界でも一番荒れるといわれる海での航海は、こうしてはじまった。強い偏西風がつくりだす山のようなうねりは幸い後方から寄せ、船は風と波とともに進んでいくため、見た目の海の荒さの割には船は揺れないですんだ。それでも、厨房や食堂で食器が倒れることなどめずらしくない揺れである（ただし、帰途の航海については話は別だ）。

ウシュアイアを出てしばらくは摂氏六度あった海水温が、出航後ちょうど一日たったころに、にわかに摂氏二度まで落ちた。

南極周極流が流れるあたりに、南極前線が走っているはずで、水温がいっきょに下がったのは、船が南極前線を越えたことを示している。つまりは、船は南極海に入ったことになる。そのころから、アホウドリ類やオオフルマカモメなどの海鳥たちが船のまわりを飛翔する光景を、より頻繁に目にするようになった。

南極前線では、北方および南方から流れてぶつかりあう二つの水塊は、いっしょになって深みに潜りこむ流れをつくりだす。一方、南側（南極海側）では、南極前線に向けて流れる海水を補うように、深みから湧きあがる海水の流れがある。これが栄養分を表層近くに沸きたたせて、あたりの海の生物生産をうながし、海洋動物にとって餌の多い豊かな海域をつくりだす。先にサウスジョージア島は南極前線の南側にあると書いたが、そのことがサウスジョージア島をとりまく海の生物相の豊かさの源になっている。

船のまわりを飛翔するのは、翼開長三メートル半にも達するみごとなワタリアホウドリや、いくぶん小型のマユグロアホウドリたち。それに陸上では腐肉を漁ることで知られるオオフルマカモメたちだが、彼らは空では優雅な飛行家である。風に乗ってときに時速一〇〇キロを超える速度で海上を滑空し、彼

写真 7-2　翼開長 3 メートル半に達するワタリアホウドリ

らはふいに長い翼に風をはらんで大きく弧を描きながら上昇したかと思うと、ふたたび体を反転させて風に乗って一気に加速する。その泰然とした飛翔のさまがいい（写真7-2）。

南極大陸をとりまいて茫洋と広がる南大洋に散在する（サウスジョージア島を含む）多くの僻遠の島じまは、多くの種のアホウドリの繁殖地にもなっている。これらの島じまを故郷にもつアホウドリたちは、非繁殖期には数か月も地上に降りることなく、荒海の上を飛翔しつづける。

先にアシカ類が発達させた「半球睡眠」について紹介したが、アホウドリたちもまたこの際だった能力をもつ代表格である。彼らは寝ながらでさえ、自在に飛翔しつづけることができるのである。

こうして、波と風と海鳥たちを相棒にした三日の航海のあとに、行く手に雪を頂いた急峻な山やまを連ねるサウスジョージアの島影を望むようになる。眺める双眼鏡のなかに、海面にいくつかの青白い塊が見えるのは氷山の群れだ。南極ウェッデル海から流れ着くのは、ナンキョクオキアミの群れだけでなく、近寄れば海上から見上げるほどの高さにそびえる巨大な氷山もある。

ナンキョクオットセイが群れる海岸

サウスジョージア島で撮影された数々の写真を眺める鑑賞者を驚かせるのは、海岸から背後の山の中腹までびっしりと群れてコロニーを形成するオウサマペンギンたちの姿だろう。ソールズベリー平原やセントアンドリューズ湾での目路の限りにつづくオウサマペンギンのコロニーの光景は、地球上でもっとも生き物たちが密集して存在するもののひとつである。

さらに、世界中で九〇〇〇万番い生息するというマカロニペンギンのうちの、およそ五〇〇〇万番いが繁殖するのもこのサウスジョージア島だ。マカロニペンギンはタソック（亜南極の島じまに多いイネ科植物）の植生の間で営巣することが多いために、オウサマペンギンのように膨大な数が群れている光景を直接目にする機会はあまりない。しかし、サウスジョージア島をとりまく海の豊かさが、膨大な数の海鳥たちの暮らしを支えていることはまちがいない。

ところが、じっさいにサウスジョージア島の海岸をたどりながらひとつひとつの浜に上陸したとき、ぼくたちの目を最初に驚かせたのは、ペンギンたちの姿以上に、いたるところで群れ遊ぶナンキョクオ

写真 7-3　オウサマペンギンの群れを背景に戯れるナンキョクオットセイの子どもたち

ットセイの姿だった。海岸に上陸するまでもなく、本船から小舟に乗り換えて海岸線の観察に出かけたなら、海上でさえ好奇心の旺盛な若いナンキョクオットセイの出迎えを、いたるところで受けることになった。

これまで地球の各地で見てきたアシカやオットセイの仲間と同じように、ひれに形を変えた四肢を巧みに使って海中をすばやく駆けまわり、ときにはぼくたちのボートのまわりで海面から体を跳ね躍らせてみせた。上陸すれば、まだ幼いオットセイたちが、好奇心旺盛な子イヌの群れのように、最初は遠まきにぼくのようすを眺めにやってくる。そして、もしもぼくが動かずに静かにしゃがんでいたなら、カメラのレンズに触れんばかりの距離にまで接近してくるのだった（写真7-3）。

ナンキョクオットセイ――雄で体長一・八メ

ートル、体重二〇〇キロ、雌で体長一・四メートル、体重五〇キロほどのオットセイ（つまりアシカ科）の仲間である。ほかの「〇〇オットセイ」と呼ばれる動物たちと同じように、しっかりとした毛皮をまとっている。

彼らは、サウスジョージア島をはじめ、サウスサンドウィッチ諸島、ケルゲレン諸島など亜南極の島じまで繁殖する。またほかの多くのアシカ科の動物と同じように、雄が雌にくらべてずいぶん体が大きいのは、繁殖期にあたって一頭の雄が多くの雌が集う海岸になわばりを構える暮らしをするからである[1]。

それにしても、訪れる海岸のいたるところに群れるナンキョクオットセイたちを目にすると、いったいどれだけの個体数がいるのかと思う。しかし、もしぼくがサウスジョージア島を訪ねるのが四〇〜五〇年前のことであったなら、事情は大きく異なっていたはずだ。

キャプテン・クックが一七七五年にはじめてサウスジョージア島を訪れたとき、島中にナンキョクオットセイが群れていた。しかし、一八世紀から一九世紀にかけては、世界の海洋はアザラシ猟、オットセイ猟の時代でもあった。大航海時代を経てもはや冒険や探検が目的ではなく、商売や猟のために世界中の海洋に人びとが出かけはじめた時代、サウスジョージア島を含む僻遠の島じまでも過酷な猟が繰りかえされた。

ナンキョクオットセイもその例にもれず激減、一九世紀の終わりにはサウスジョージア島とその周辺の島じまでも、小さな群れが、猟師たちが近づきにくい荒海が打ち寄せる隔絶された岩礁や小島で、わずかに生き残るだけになってしまった。当時生き残ったのは、一説には数百頭程度だっただろうといわれている。

それを救ったのは、世界が「アザラシ猟、オットセイ猟」の時代から「捕鯨の時代」に変わりはじめたことである。アザラシやオットセイが激減して、これまでほどの利益をあげることができなくなったからだが、それと同時に、二〇世紀に入るころ、船舶の大型化や捕鯨技術の革新があったからで、南極海で捕鯨がさかんに行われるようになる。サウスジョージア島で一九〇五年にノルウェーが捕鯨基地を稼働させたのは、先に書いたとおりだ。

こうしてシロナガスクジラなど大型のヒゲクジラ類が大きく個体数を減らしはじめる。最盛期には、たとえば一九二九年から三〇年にかけてのシーズンには、一年で二万九〇〇〇頭ものシロナガスクジラが獲られた記録がある。これは、捕獲され利用されたものの数だから、ときに銛を打たれながら海に沈むことで利用されないままに姿を消したものがあったはずで、それらを含めればもっと大きな数になるだろう。

クジラのなかで最大のシロナガスクジラの個体数が減ると、次はナガスクジラへ、さらにはイワシクジラやザトウクジラへと狙う対象を変えながら、それぞれの個体数を激減させていく。ちなみに、こうしたヒゲクジラ類の南極海での餌は、多くはナンキョクオキアミである。

大型のヒゲクジラ類が大きく個体数を減らすと、南極海の生態系に思わぬ変化が起こりはじめる。ヒゲクジラたちの餌になっていたナンキョクオキアミが余剰になりはじめたことで、それを食べるほかの動物たちが個体数を一気に増やしはじめた。

多くのペンギンたちもそうだが、もっとも恩恵を受けた代表格が、このあとの章で紹介するカニクイアザラシである。このアザラシは「カニクイ」という名をもつものの、主食はナンキョクオキアミだ。そしてもう一種が、ナンキョクオットセイである。

こうしてカニクイアザラシとともに、ナンキョクオットセイが急激に個体数を回復しはじめ、ぼくが最初にサウスジョージア島を訪れたときには、全体で四〇〇万頭（もっとも多い見積もりで六二〇万頭）といわれる数にまで増えていた。その九五パーセントがサウスジョージア島と周辺の小島群を繁殖地にしている。

人間は次から次へ、利用しやすい資源を搾取しつづけ、野生動物の運命はそれにあわせて翻弄されつづけてきた。それにしても、もしぼくが四〇〜五〇年前にサウスジョージア島を訪れたなら、いま海岸で見るほどのナンキョクオットセイを見ることはなかっただろう。

ほかの動物たちとの関わり

上陸する海岸という海岸では、数十頭からときに数百頭ものナンキョクオットセイが群れ、ぼくは彼らの間をうまく縫いながら――一方で驚かせないように注意しながら、一方で威嚇してくる個体から逃れながら――歩いていく。南緯五三度、盛夏にあたる季節とはいえ、流れる風は冷たい。

一群の塊のなかでひときわめだつ大きい個体はビーチマスターの雄で、彼らは繁殖期がはじまる一〇月（南半球の春）に繁殖する海岸になわばりを構え、その後なわばりのなかにやってきた雌たちが出産する。

出産後、雌は最初の五〜六日ほど継続して子どもの面倒を見たあと、数日ほど子どもを繁殖地に残して一回四〜五日間にわたって餌とりに出かけては、子どものもとへ帰ってきての授乳を繰りかえす。アシカ科の母親たちが共通してとる子育ての方法である。

母親が餌とりに出かけている間は、幼い子どもたちは集まってすごすのだが、敵も多い。オオトウゾクカモメや、海上で船のまわりを優雅に飛翔するのを目にしたオオフルマカモメは腐肉食者で、動物の死体をついばむ専門家だが、ときにそのくちばしを、弱くあまり抵抗しないものたちに向けることがある。

寒冷地では、動物の死体の腐敗がなかなか進まない。それを腐肉食者たちが食べることで、死んだ動物の肉体は生態系のなかの新たな栄養循環に組みこまれるのだが、幼いオットセイたちにとって彼らの鋭いくちばしは脅威になる。また飛翔力があるオオトウゾクカモメは、営巣するペンギンたちの卵やヒナを盗みとる行動でもよく知られている。

サウスジョージア島にきてからも、群れて営巣するオウサマペンギンやジェンツーペンギンのコロニーのすぐ上を飛翔するオオトウゾクカモメの姿を、しばしば目にしていた。ペンギンの親鳥たちはそろってくちばしを上に向け、上空からの盗人への警戒は怠らない。それでもオオトウゾクカモメがふいにペンギンのコロニーのなかに舞い降りたかと思うと、卵をくわえて飛び去る光景もしばしば目にした（写真7−4）。

写真 7-4　オウサマペンギンの卵やヒナを求めて飛翔するオオトウゾクカモメ

彼らは、少し離れた場所に舞い降りて、卵を割ってはその中身をついばむ。ペンギンたちのコロニーのまわりで割れた卵の殻をよく目にしたが――ヒナが孵化した卵ならもっと細かな割れ方をするものだ――それらはオオトウゾクカモメに盗みとられ、中身が食べられたものだった。

あるときジェンツーペンギンのコロニーで、ひとつの巣の前にオオトウゾクカモメが舞い降りた。そばで抱卵するジェンツーペンギンの親鳥は、卵を抱きながら、必死に前方に向けてくちばしを伸ばし、侵入者を威嚇する。もし、ペンギンの両親が巣にいるときなら対応は違ったのかもしれなかったけれど、そのときは片親が海での採餌のために不在で、もう一方の親だけが巣と卵を守っているときだった。

一方、オオトウゾクカモメのほうは、ペンギンのくちばしが届かないぎりぎりのあたりから、執拗に卵を狙う仕草を見せる。そのうちに、より威嚇を強めようとペンギンの親鳥が巣から一歩前に踏みだしたときのことだ。

ふわりと体を宙に浮かびあがらせたオオトウゾクカモメが、ペンギンの後ろ側にまわりこんだと思うと、巣でむきだしになった卵をくわえとって飛び去っていった。ペンギンの親鳥は、ただ呆然と空を眺めるしかなかった。

このオオトウゾクカモメが、ときに海岸で遊ぶナンキョクオットセイの幼い子どもの体をつつくこともある。一方、オットセイの子どもは逃げまわるだけだが、それでも仲間でかたまっているほうが安心感は高いのだろう。

ナンキョクオットセイの母親が海で餌をとっては繁殖地に戻っての授乳を繰りかえす期間は四か月間におよぶが、ぼくがはじめてサウスジョージア島を訪れた一月は、まだ子育ての真っ最中で、母親の帰りを待つ子どもたちの群れをそこここで見ることができた。

一方で、ビーチマスターの雄はなわばりに近づく新参の雄を追い払い、ときには挑戦的な若い雄との激しい闘いを目にすることもある。黒砂の海岸を舞台にぶつかりあう二頭の体が交錯するなかで、それぞれの長く白いヒゲが揺れ躍るのがやけに目につくことに気づいた。

じつはナンキョクオットセイはアシカ科のなかでも、もっとも長いヒゲをもつ。彼らはほかのオットセイたちと同様、夜間に採餌することが多く、暗い海のなかでも長いヒゲのおかげで餌（つまりはナンキョクオキアミ）がつくりだす水の動きを感知できるのである。

写真 7-5　マカロニペンギン。ナンキョクオットセイとの餌をめぐる競合が懸念されている

ちなみに、ここまで増えたナンキョクオットセイは、一方で島のほかの動物たちになんらかの影響を与えはじめていないのか。

サウスジョージア島をはじめ亜南極の島じまには、タソックと呼ばれるイネ科植物が広く茂り、マカロニペンギンやそのほかの鳥類に営巣場所を提供している。その上をオットセイたちが行き来する。いくつかの場所では、タソックが生育する場所が浸食されてしまったところがある。じっさいタソックの上で休むオットセイの姿もそこここで見ることができた。また、何種かのミズナギドリの仲間は海岸に穴を掘って営巣するが、彼らの巣穴やワタリアホウドリの貴重な営巣地でも一部の被害が出はじめている。

さらに餌生物をめぐる軋轢でいえば、オウサマペンギンは主としてハダカイワシ類などの魚類が主要な餌だからあまり競合しないが、オキアミ食のペンギンはそういかない。ナンキョクオキアミを餌資源にしつつ、サウスジョージア島をおもな繁殖地にするもう一種の動物であるマカロニペンギンは、ナンキョクオットセイの競合者としてその暮らしが懸念されている[2]（写真7-5）。

＊

ナンキョクオットセイがサウスジョージア島でどこまで増えるのか。じつはサウスジョージア島自体はすでに飽和状態で、まわりの島じまに分布を広げているともいわれている。

しかし近年は、南極海に強く現れている温暖化がより進行し、ナンキョクオキアミの資源量の減少によって（あるいは集中する場所が変わっている可能性もある）、個体数を減少させはじめているのが実態のようだ。とりわけ、このあと紹介するけれど、南極半島に近い場所にあるサウスシェトランド諸島に生息するナンキョクオットセイの個体数の減少がめだっている。

サウスシェトランド諸島のまわりで、ナンキョクオキアミが減少していることは直接的な原因だが、もうひとつ興味深い要因がある。

南極をとりまく海での高位の捕食者として知られるヒョウアザラシは、ペンギンを多く捕食するけれど、サウスシェトランド諸島に多く生息するヒゲペンギンの個体数が減少していることがあげられる。またペンギンたちが分散してしまう非繁殖期には、ヒョウアザラシ自身がナンキョクオキアミを相当に食べて暮らしている。こうして全体的に餌生物が少なくなるなかで、ヒョウアザラシの捕食の対象がいままで以上にナンキョクオットセイ、とりわけその子どもたちに向きはじめているらしい[3][4]。

白色のオットセイ

東西（正確には、西北西～東南東）に長いサウスジョージア島は、その南岸が南極周極流と偏西風を直接受ける前面になるために、海はいっそう荒い。さらに南岸の海岸線は切り立つために、船から上陸できる訪問地はほぼすべて北岸側にある。そのほぼ中央に、ストロムネスというかつて捕鯨基地があった海岸がある。

その海岸を散策していたときのことだ。朽ち果てた建物群や、かつては燃料や獲ったクジラの脂をおさめたタンクの群れ、捕鯨やその処理に使ったさまざまな機械類が、錆びて赤茶けた廃墟となってその姿を晒している。夏だというのに、低く垂れこめた空から降りはじめた雪が、その風景をいっそう寂しげなものに感じさせていた。

現在、建物内に入ることは許されていない。ぼくは外観を見て満足するしかなかったけれど、そこには流れることを拒んだ時間と、かつてここに暮らしたものたちの魂が、澱になって淀んでいるかに見えた。

錆びついたボイラーやウィンチはいまにも動きだし、忙しく働く人びとの怒号が聞こえてくるかに思える。しかし、いま耳を澄まして聞こえてくるのは、遠くでオットセイの子どもたちがじゃれあう声と、ときおり流れる風の音だけだ。

捕鯨基地の跡をひとしきり回ったあと、ぼくは海岸に群れ遊ぶナンキョクオットセイの子どもたちを観察することにした。母親が海での餌とりから帰ってくるのを待つ子どもたちである。

こちらが低い姿勢をとっている限り、彼らは恐れを知らない。海岸に腹ばいになってカメラを向ければ、レンズの前でほんとうにさまざまな表情や仕草を見せてくれた。

海岸を散策する途中、黒褐色のふつうの子どもたちに混じって、クリーム色の毛色をした子オットセイの姿が目に入った。その目を覗きこんでも赤くは見えないから、アルビノではないのだろう（写真7-6、7-7）。

サウスジョージア島ではおよそ八〇〇頭に一頭の割合で、白化型の個体が観察される。[5] それでも仲間の間では、ほとんど気にならないのだろう。ふつうの黒褐色の子どもたちに混じって遊んでいる。

動物文学の名作に『The Golden Seal』（金色のアザラシ、ジェームズ・V・マーシャル）がある。物語の舞台は、アラスカ州、アリューシャン列島。辺鄙な漁村に暮らす少年リックが、黄金に輝くアザラシと生まれたばかりの子を目にする。

猟師たちは〝伝説のアザラシ〟として狙いはじめ、果てはリックの父親さえそれに加わった。懸賞金がかけられて追われるアザラシと少年の物語だが、場所や種によらず現れる可能性があるじっさいのリユーシスティック（白化型の個体）をモデルに、マーシャルはこの物語を著したのかもしれない。このとき以外でも、サウスジョージア島で五～六度は白化個体を観察したけれど、彼らが朝陽や夕陽を浴びるとほんとうに黄金に見えたものだ。

彼らは成長すればどうなるのか。成長した個体では子どもほどの頻度で白化個体を見ることはなかっ

上：写真 7-6　朽ちゆく捕鯨基地の前で戯れるナンキョクオットセイの子どもたち
下：写真 7-7　ナンキョクオットセイの白化型の子ども

たが、一頭だけ十分に成長した白い雌のオットセイに出会ったことがある（一五五ページの章扉写真参照）。ほかの子どもたちよりは育つのがむずかしいのかもしれないが、成長できるものもいることに、ふと安堵したのを覚えている。

ミナミゾウアザラシ、換毛の季節

サウスジョージア島でふつうに見られる鰭脚類《ききやくるい》にもう一種、ミナミゾウアザラシがいる。アルゼンチンのバルデス半島でも出会ったアザラシだが、彼らの生息地としてはサウスジョージア島を含む亜南極の島じまがむしろ本拠地になる。世界中で六五万頭ともいわれる個体数のおよそ五〇パーセントが、ここサウスジョージア島で繁殖する[6][7]。

じっさい上陸する海岸、上陸する海岸で巨大なミナミゾウアザラシが体を横たえている光景が繰り広げられる。まわりでは、ナンキョクオトッセイやオウサマペンギンたちが群れ騒ぐけれど、いっこうに気にするようすもない。

以前、バルデス半島で見た、巨大な鼻を膨らませ、声を響かせて自分のなわばりを守るビーチマスターや、なんとか雌たちに近づこうとする新参の雄たちが見せたぴりぴりとした雰囲気は微塵もない。それになによりの違いは、巨大なミナミゾウアザラシたちが、雄を含め折り重なるように体を寄せあって休んでいることだ。

バルデス半島での観察との違いは、ミナミゾウアザラシの一年の暮らしのなかで、違う季節にサウスジョージア島を訪れたことによる。

バルデス半島を訪れたのは彼らの繁殖期で、ビーチマスターは自分のなわばりとそこにいる雌を守るのに全精力を使い、雌は雌で子育てに忙しい時期だった。そのときにはとなりあう雌どうしでさえ、それぞれが自分の子どもを守るために、小競りあいが絶えなかった。

もし二～三か月前に、サウスジョージア島を訪れていれば、同じように、ただしもっとミナミゾウアザラシの個体数の多いサウスジョージア島のこと、バルデス半島で目にしたものより、はるかに高い頻度で雄たちの闘いや、雌たちによる子育てのさまに接したはずだ。

しかし、繁殖期を終えると、雄も雌もいったん海に出て餌をとり、失った体重を回復しなければならない。と同時に、本格的に海洋生活を行う前に彼らがしなければならない仕事がある。繁殖期の間に傷んだ毛をきれいなものに生え替わらせる換毛である。そのために、彼らは海で一か月ほど餌をとったあと、ふたたび海岸に上陸をする。ぼくがサウスジョージア島を訪れたのは、まさに彼らの換毛の季節にあたっていた。

このときゾウアザラシたちはふたたびなにも食べることなく、数週間毛が生え替わるのをただ待ってすごす。換毛には大きなエネルギーを消費するために、彼らはできる限り動くことなくひたすら寝転んですごす。何頭もが体を寄せあうのは、寒さのなかでたがいに体温を保つうえでも役立つだろうし、それ以上にいまは競ったり争ったりする必要がない（写真7‐8）。

ちなみにアザラシの仲間はすべて換毛を行うけれど、ゾウアザラシ（とモンクアザラシ類）は、毛とともに上皮がいっしょにはがれ落ちる。一四〇ページでアザラシ類の進化について紹介したが、ゾウア

写真 7-8　換毛中のミナミゾウアザラシ

ザラシ類とモンクアザラシ類のこの共通性は興味深い。もうひとつ共通性があるとすれば、多くのアザラシの仲間は一対（二つ）の乳首をもつのだが、ゾウアザラシ類とモンクアザラシ類（と先に紹介したアゴヒゲアザラシ）は二対（四つ）の乳首をもつ（アシカ科のものはすべて二対の乳首をもつ）ことだろう。

海岸で体を寄せあって寝転ぶミナミゾウアザラシの姿をよく見ると、古い毛がはげ落ちたところとそうでないところが、美しいとはいえない斑模様をつくっている。こうした光景が見られるのもあとわずか。新しい毛を得たミナゾウアザラシたちは、次シーズンの繁殖期まで、豊かな餌を求めて何か月にもわたる海洋生活をはじめるのである。

ゾウアザラシの海洋生活

哺乳類であるアザラシは、海面で呼吸をしては、ときどき潜って海中や海底の餌を追うことはふつうに想像できる。しかし、多くの研究者によってじっさいに調べられたゾウアザラシたちの海での暮らしは、ぼくたちの想像をはるかに超えたものである。

近年、データロガーと呼ばれる、深度や温度、海中での進み方などが記録できる小さな器具がある。時代とともにどんどん小さく、動物の体につけても彼らの生態にあまり影響を与えないですむようになり、さらにより多様なデータも記録できるようになっている。この器具を、アザラシが陸上にいる間に装着して、彼らが次に上陸したときに回収したり、海で切り離された器具を電波によって見つけて回収することで、その間に動物が海でどんな行動や暮らしをしているか知ろうという研究方法である。

北半球にすむキタゾウアザラシにしても、南半球にすむミナミゾウアザラシにしても、このデータロガーの発達とそれを駆使する研究者たちの努力によって、直接観察することができない海での生態がもっとも解明されてきた動物のひとつである。[8]

驚くのは潜る深さと、その時間の長さである。データロガーによる調査によって、ゾウアザラシたち(北半球にすむキタゾウアザラシもそうだが)は、水深六〇〇～八〇〇メートルもの深海に頻繁に潜ることが確かめられている。

中深層と呼ばれるそうした深度に、イカ、タコなどの頭足類を中心に豊かな生物の世界があることがわかってきた。マッコウクジラやアカボウクジラの仲間を含め、さまざまな高次捕食者たちが中深層の獲物を利用するように進化した。ゾウアザラシもその一員である。

そして中深層の餌資源を利用する捕食者たちが海中ですごす時間の長さも驚くべきものだ。マッコウ

写真 7-9　メキシコ、カリフォルニア半島沿岸で繁殖するキタゾウアザラシ

クジラなら一回潜れば四〇分～一時間近く深みで餌を探しつづけることはよく知られているけれど、ミナミゾウアザラシの調査でも、一度の潜水で最長一〇〇分ほどは潜りつづけることが確かめられている。その頻度もすさまじいもので、空気呼吸をする彼らが水面ですごす途中でときおり潜るというよりは、海洋での餌とり生活をはじめた彼らは、深みで餌を求めつづけながら、ときおり呼吸のために浮上するといった潜り方をしているのである。

サウスジョージア島で繁殖したミナミゾウアザラシがどのあたりの海域まで餌とりに出かけるのかも興味深い。さまざまな方角に泳ぎでるものがいることはたしかだが、ひとつの大きな目的地は、遠く南極半島周辺の海域である。そこに豊かな餌資源があるからだ[9][10]。

サウスジョージア島だけでなくオーストラリア領のマコーリー島や、アフリカ南部に浮かぶクロゼ諸島にもミナミゾウアザラシは分布していて、そこで繁殖したものたちが餌とりのために海洋生活をはじめると、やはり南へ、南極大陸をとりまく海域まで出かけるものが多い。

一方、アメリカ、カリフォルニア州やメキシコ、カリフォルニア半島の太平洋岸で繁殖するキタゾウアザラシ（写真7-9）では、広く太平洋を泳ぎだしたあと（できるだけ早く沿岸域を離れようとするのは、シャチによる被害を避けているのではないかと考えられている）、一気に北方へ、アラスカからアリューシャン列島付近の豊かな海域まで移動することが確かめられている。

いずれにせよ、繁殖期を終えたミナミゾウアザラシたちは、次シーズンの繁殖期の到来まで、ひたすら海で餌をとりつづける。そして、こうして体に貯めた脂肪こそが、雄にしても雌にしてもきたるべき繁殖期において、絶食しながらの活動を支えてくれる栄養分になる。

◀次頁：南極海の氷山に休む
ウェッデルアザラシ

第8章 南極のアザラシたち

氷海へ

昨夜まで、船は荒馬の背に乗ったように揺れていた。一昨日、南米最南端の町ウシュアイアの港を出航した船は、一路南へ針路をとって南極半島をめざし、その間に広がるドレーク海峡を横断していたからだ（地図8）。

南極大陸をとりまいて流れる南極周極流は、ここドレーク海峡を早瀬のように駆けぬける。と同時に、吹きつづける偏西風が、この海を世界でもっとも荒れる海域にしている。

山のようなうねりを越えるたびに、船は宙にもちあげられ、次には波の谷底に向かって落下する。絶叫マシンに乗ったときのような、上昇と下降の繰りかえし。そして、次のうねりの底に舳先を突っこん

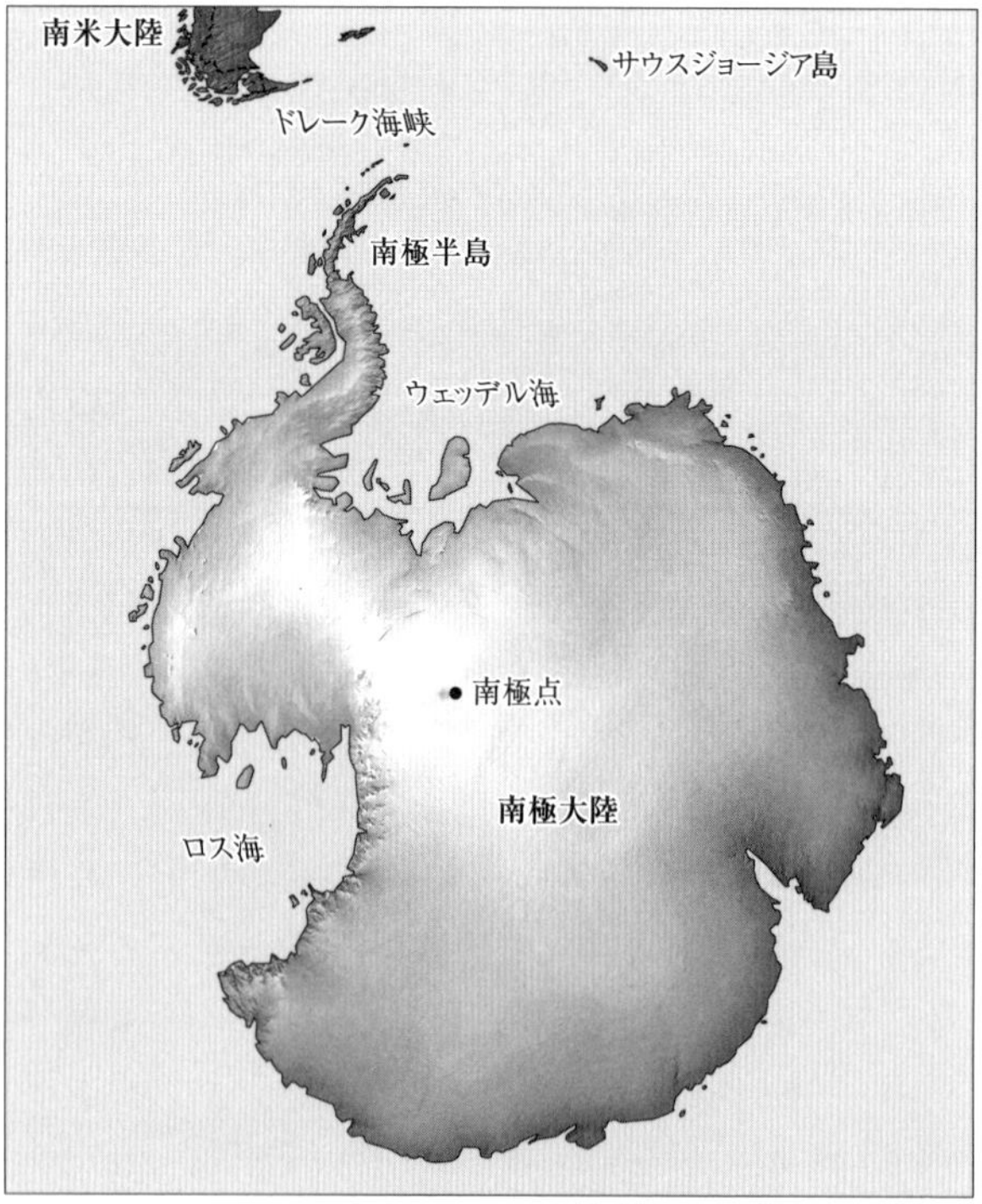

地図8　南極大陸。面積は日本の37倍に達する

でいくたびに、船は武者震いのように船体を震わせた。

船の通路には、すべてロープが張られて、それにつかまってしか歩くことができない。船内のあらゆるところで、さまざまなものが倒れ、転げまわる音が響く。

船に慣れたものでさえ、船酔いをしてしまうかもしれない。夜には、ベッドにつけられたベルトで体を固定しなければ、投げだされてしまいかねない。そんな日を一日半すごして、船はようやく落ちつきをとり戻しはじめていた。あと半日近くの航海で、南極半島沿岸に達するはずだ。

そういえば昨日の夕方、荒れる水平線の彼方に浮かぶ、南極大陸から流れだした氷山の影をはじめて目にした。夕方の斜光のなかで青白く浮かびあがる氷山は、遠方から見ればその大きさを想像しにくいけれど、海面からの高さは五〇メートルを超え、大きいものではひとつの県に匹敵するほどの広がりをもつものもある。

南極大陸に長年にわたって降り積もった雪は自らの重さによって押しかためられ、厚い氷の板になって大陸の斜面を悠久のときをかけて流れ落ちていく。海に押しだされてもなお大陸の氷とつながったまま、広大な海の表面をおおう。これが棚氷《たなごおり》と呼ばれるもので、とりわけ南極大陸が大きく湾状に入りこんだロス海やウェッデル海には、広大な棚氷が広がっている。

棚氷は、やがてその先端部分が割れて大海原に流れだす。それは、棚氷であったときそのままに上面は平らであるために、卓状氷山と呼ばれて南極に特有のものだ（写真8-1）。

こうして、昨夜ははじめて目にした氷山の姿を思い起こしながら眠りについたけれど、今朝目覚めた

写真 8-1　卓状氷山。まわりの海面をおおう氷は海水が凍ったものだ

のは、船腹になにか固いものがあたる音によってであった。それがけっして異常なことでないことは、船員たちがふだんどおりに働いていることですぐにわかった。

急いで厚手のジャケットを羽織ってデッキに出てみると、一夜にして海は表情を変えていた。船をとりまく海面は、まるでハスの葉をしきつめたような氷の群れでおおわれている。それらをかき分けて進む舳先がひとつの氷にあたるたびに、鈍い音とともに船体は震えた。

海面が凍りはじめるときには、最初は海中に無数の小さな氷の粒ができることで、シャーベットをまき散らしたようになる。「氷泥《ひょうでい》」と呼ばれる状態で、海面はねっとりと粘性をもったようにも見える。

それが集まって凍りはじめると、いま目にする光景、つまりは「蓮の葉氷」と呼ばれる状態になる。英語では、その形から「パンケーキアイス」と呼ばれる。ちなみに氷山は、南極大陸上に降り積もった雪に由来するものだが、こちらは海の水が凍ったものである。

さらに船が進むうちに、それぞれの蓮の葉氷はつながりあって、より広がりをもった氷が海面をおおうようになる。こうした氷の縁に舳先があたると、船はいままでより激しく船体を震わせた。一方、氷には楔が打ちこまれたように亀裂ができると、船が押し分けるのにあわせて、氷面に稲妻が走るように亀裂が広がっていく。

南極に向かう船は、たとえ砕氷船でなくても、多少の氷なら割って進む能力をもっている。しかし、このあと海をおおう氷がさらに厚みを増してくれば、進むのに苦労することになるだろう。できるかぎり氷が少ない海域を探しながら、まるで迷路を通りぬけるような格好で船を進めなければならなくなる。

船が砕いた氷は、波のなかで揺れ動き攪拌されながら、船の横を後方に向かって流れていく。そのときに見えた氷の裏側が、緑褐色に色づいているのが見えた。

海氷の裏面には、微小な藻類（珪藻類）が繁茂する。緑褐色は珪藻類の色だ。

この珪藻類は、氷を透かして射しこむ太陽光を受けて光合成を行う。いいかえれば、南極海をおおう海氷こそ珪藻類の広大な〝畑〟になって、南極の海の生態系の礎になっている。珪藻類は先に紹介したナンキョクオキアミの餌になる。いま地球的な気候変動によって南極海の海氷が減少することが危惧されているけれど、それがもたらす影響のひとつがナンキョクオキアミの餌を減少させることである。

デッキから海面を広く見わたすと、海氷が見せる白の間に、開けた海面が黒い斑模様をつくっている。

写真 8-2　海氷の上で休むカニクイアザラシ

そのころには、海面を跳ね泳ぐペンギンたちの姿を見ることも多くなった。このあたりで見るのは、アデリーペンギン、ジェンツーペンギンとヒゲペンギンだが、彼らの多くもその生をナンキョクオキアミに頼っている。

カニクイアザラシの暮らし

海氷上で休むアザラシの姿もそこここに見かけるようになった。南極には、四種のアザラシ（ウェッデルアザラシ、ヒョウアザラシ、カニクイアザラシ、ロスアザラシ。周辺部まで考えれば、ミナミゾウアザラシを含め五種）が見られるが、ロスアザラシは個体数も観察例も少なく、ぼく自身相当な回数南極を訪れているけれど、ロスアザラシだけは観察できていない。いま船のまわりの氷の上に姿を見かけるようになったのは、ほとんどがカニクイアザラシである。英語でもCrabeater seal と呼ばれる（写真8-2）。

体長二メートル半ほどのアザラシだが、南極大陸をとりまく海に数多く生息する。彼らの主食はナンキョクオキアミで、サウスジョージア島のナンキョクオットセイと同じように、南極海での捕鯨が大型クジラを激減させたことで余剰になったナンキョクオキアミを糧に個体数を急激に増やしてきた。現在、全個体数は一五〇〇万頭に達し、地球上の大型動物のなかでは（八〇億人の人類を除けば）桁違いに多い。

ちなみにカニクイアザラシがナンキョクオキアミを食べる、その方法はおもしろい。

カニクイアザラシの頬歯を見ると、その輪郭には複雑に凹凸があり、上下の歯が噛みあわされたとき、網の目のような構造をつくりだす（写真8-3）。カニクイアザラシは海水とともにナンキョクオキアミを口のなかにとりこんだあと、閉じた上下の歯のすきまから海水を押しだして、口のなかに残ったオキアミだけを食べるという効

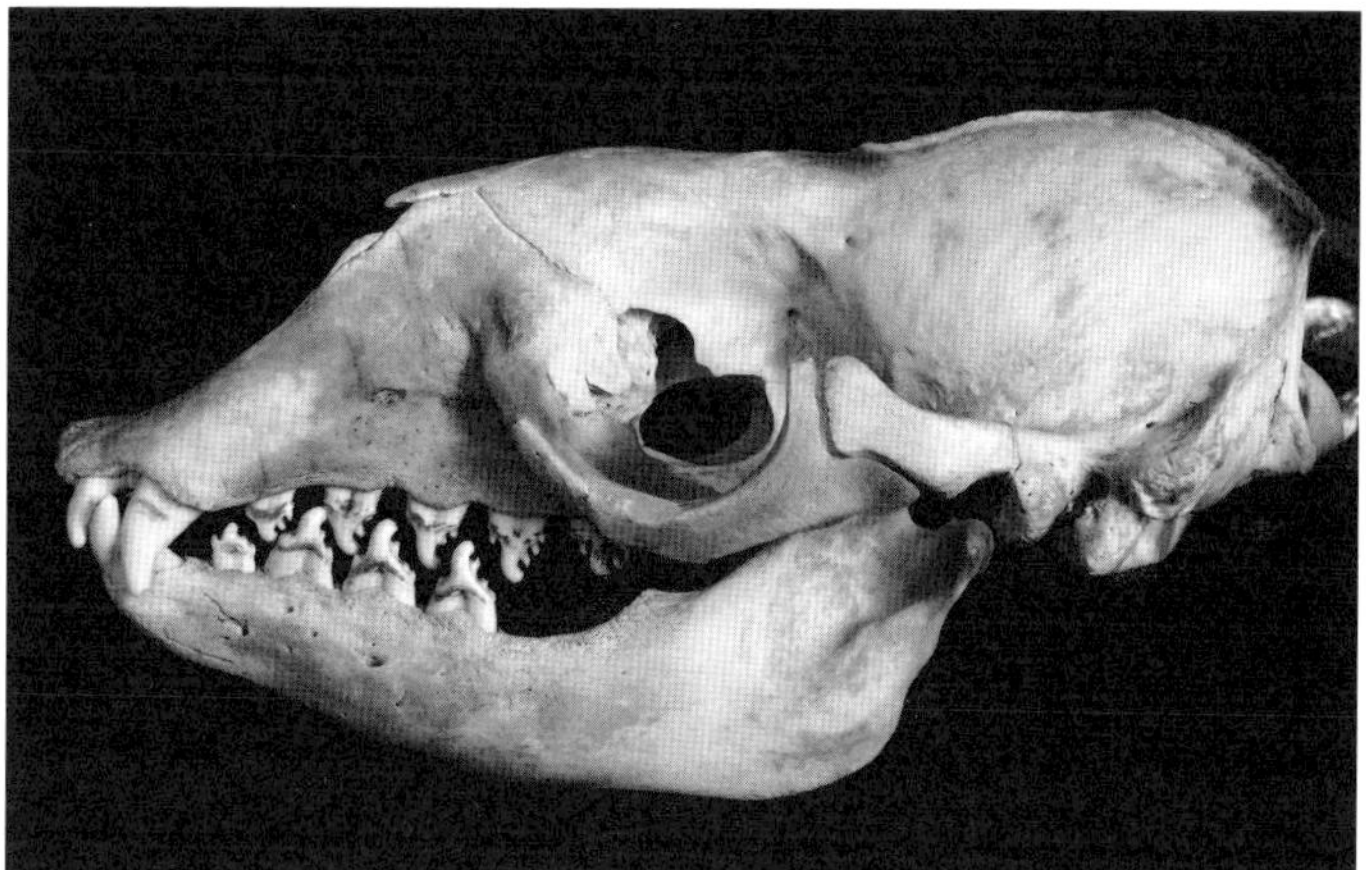

写真 8-3　カニクイアザラシの頭骨。特徴的な頬歯に注目されたい（国立科学博物館蔵）

率的な方法を手に入れたのである。第1章で、北極圏のワモンアザラシが同様の食べ方をすることを紹介したが、カニクイアザラシはこの採餌方法のより高度なスペシャリストである。

海氷の上で休むカニクイアザラシは、船が接近しても惰眠を貪りつづけるものもいれば、驚いて海中に姿を隠すものもある。そのとき、すでに癒えてはいるものの、ずいぶん前についたと思われる大きな傷跡を体に残す個体が多いことに気づいた。

南極海にはシャチも数多くすんでおり、カニクイアザラシを含むアザラシたちの恐ろしい捕食者であることはまちがいない。しかし、カニクイアザラシ（とりわけ幼い個体）をもっとも頻繁に襲うのはヒョウアザラシである。

ヒョウアザラシは成長すれば体長五メートルに達し、カニクイアザラシよりはるかに大きい。さらに頭部は大きく、大きく顎を開いた姿はまさに捕食者のそれである[1]。

ただし、ヒョウアザラシが襲えるのは、カニクイアザラシのまだ一歳に達する前の個体である。いま海氷上にその姿を眺めるカニクイアザラシの成獣たちの体に残された傷跡は、ほとんどが古いもので、幼いときに襲われながら辛うじて逃げのびることができた証しなのだろう。一方で、まだ生々しい傷をもつ大きなカニクイアザラシもいるけれど、彼らはシャチに狙われたものかもしれない[2]。

＊

桁違いに多い個体数で生息するカニクイアザラシだが、オットセイやアシカのように密集してすごす光景を見ることはない。それは、オットセイやアシカの多くが、とくに繁殖期には小さな島じまや限られた海岸ですごす一方、カニクイアザラシは南極大陸をとりまく広大な海氷上とそのまわりの海域ですごすからだ。そのために、雄が雌と出会う方法も自ずから異なっている[3]。

島や海岸に密集するオットセイやアシカの仲間では、力のある雄がビーチマスターとしてなわばりを構え、そこにいる雌たちと交尾をするのが常だ。しかし、カニクイアザラシに限らず、北極や南極の広大な海氷の上で分散して繁殖するアザラシの仲間たちはそうはいかない。とすれば、雄はどこか決まった場所ですごしながら、そこを通る雌との出会いを待つか、あるいは一頭の雌のそばにつき従うしかない。

カニクイアザラシではしばしば母子の近くにとどまる雄の姿が目撃され、まるで家族のように感じられることがある。しかし、これを家族と呼ぶには無理がある。

子どもは、前年に母親が出会った雄との間の子どもであり、そこにいる雄の子ではない。ならば、雄はなにをしているのか。

母親は出産してまもなくは子育てに集中するけれど、子離れする前後に発情期を迎えて、翌年産むべき子を宿す準備がはじまる。雄は、ただそのときを待っているのである。

雄と雌と子の三頭がそろった光景を見ると、人びとは直観的に仲のいい家族を思い浮かべ、その光景から一夫一妻制の暮らしをしていると考えられたこともあった。しかし、雄のほうは母親との交尾を終えれば、その場所を去ってほかの母子を探しに出かけるはずだ。

とはいえ、アザラシたちの繁殖期は短く、雄が一組の母子のもとを去って、別の母子を探しだそうとするにしても、そう多い回数や機会は期待できないだろう。その意味では、オットセイやアシカのビーチマスターが出会う雌の数とくらべると、ずいぶん限られた数の雌との出会いしかないこともまちがいなさそうだ。

ペンギンを狙うヒョウアザラシ

氷の群れが海面をおおう海域を、船は速度を落として進んでいく。海氷の上に休むアザラシの姿が、一段と大きく見えるならヒョウアザラシかもしれない。双眼鏡を使ってその姿をしっかりと眺めることができるなら、カニクイアザラシとの容形の違いは、その大きさを除いても一目瞭然である。

また、カニクイアザラシが数頭でいっしょにいることが多いのに対して、ヒョウアザラシはたいていは単独で海氷上で休んでいる。カニクイアザラシが全身淡い褐色であるのに対して、ヒョウアザラシは全身銀灰

写真 8-4　海氷上で休むヒョウアザラシ

写真 8-5　ジェンツーペンギンの繁殖地の前の海岸をヒョウアザラシが遊弋《ゆうよく》する

色で、暗色の斑模様を散らしている。
頭部に注目すれば、カニクイアザラシはイヌと同じように吻部が突きだしているのに対して、ヒョウアザラシの頭部は吻部から額にかけての段差があまりめだたず、全体として紡錘形を形づくっている。またカニクイアザラシは、しっかりとした胴部の割には頭部が小さいのに対して、ヒョウアザラシのほうは大きな頭部に対して、胴体は細長いという印象が強い（写真8-4）。その細長い胴体をヘビが体をくねらせるように、氷上に寝転んでいる姿を見せるのが常だ。しかし、彼らが海中に入ると、猛々しい捕食者の姿に変わる。

ぼくたちが南極を訪れることができるのは、ふつうは南半球が初夏から秋口までの季節だが、ペンギンたちの繁殖の季節でもある。晩春あるいは遅い夏のはじめに繁殖活動をはじめるペンギンたちは、厳しい秋がくるまでにヒナたちを巣だたせなければならない。育雛期の初期は片親が巣でヒナを守りながら、もう一方の親鳥がせっせと海での餌とりを行ったあと、適宜役割を交代する。そしてヒナがある程度成長すれば、旺盛になるヒナの食欲を満たすために、ヒナを巣に残して両方の親が海に餌とりに出かけるようになる。

そのためにこの季節、営巣地と海との間を行き来するペンギンたちが絶えないが、彼らはヒョウアザラシの格好の標的になる。ヒョウアザラシがペンギンを捕らえやすいのは、海と陸との境で、ペンギンたちが餌とりのために海に入ったり、餌とりから帰って海から陸にあがろうとするときである。

その危険を、ペンギンたちも知っているのだろう。ペンギンたちが餌とりに出かけるときには、営巣地から海岸まで降りてきても、すぐに海に入ることはない。彼らは海岸で立ち止まって、後ろから仲間のペンギンたちがやってくるのを待つ。ようやく大きな集団になったとき、なにが合図になるかはわからないけれど、いっせいに海に飛びこんでいく。もし、海にヒョウアザラシがいたとしても、犠牲になるのは一羽ですむ。

ちなみに南極大陸のなかで一般の観光客が訪れやすいのは、大陸の一部が南米大陸に向かって突きだした南極半島で、南極大陸への訪問者の九五パーセント以上がこの半島を目的地にしている。近年南極半島では温暖化の影響によってアデリーペンギンが個体数を減らし、ジェンツーペンギンが一気に数を増やしてきたため（とはいえこの数年は頭打ちだ）、ここで描写するペンギンについては、ジェンツーペンギンを思い浮かべていただくのがふさわしい。

ペンギンたちが沖での餌とりから帰ってきたときも、そのまますぐに上陸することはなく、岸から少し離れた場所を泳ぎまわりながら、沖から帰ってくる仲間の数が増えるのを待っている。こうして、上陸しようとする仲間が集まってくると、全員で一気に海岸をめざす。もっとも危険な岸沿いを、より多くの仲間と一気に通りぬけて被害を小さくしようとしている。

一方、ヒョウアザラシのほうはこの季節、ペンギンたちの繁殖地が多い海岸線をパトロールするように泳ぎつづければ、陸から海へ、海から陸へ横切っていくペンギンの群れに出会う可能性は高い。もし、ペンギンたちの営巣地になっている海岸に腰を下ろして海を眺めていれば、一日のなかで何度も、岸に沿って泳ぐヒョウアザラシの姿を目にすることができる。ペンギンたちが海面を跳ね泳いだあと、ふとヒョウアザラシの大きな背が見えたなら、まずまちがいなく狩りがはじまるはずだ（写真8-5）。

ヒョウアザラシの狩り

ジグザグに、不規則な泳ぎを見せながらペンギンが海面に姿を見せたかと思うと、それを追ってヒョウアザラシの背が浮上する。何度かそうした光景を目にしたあと、ふいに静寂が訪れれば、狩りが成功裡に終わった証しである。次にヒョウアザラシが海面に顔をあげたときには、その口にペンギンがくわえられている。そして、それからがもうひとつの見ものになる（写真8-6）。

ヒョウアザラシの口が大きいとはいえ、一羽のペンギンを丸のみにできるわけではない。陸上の捕食者なら、獲物の体を四肢（とりわけ前肢）で地面に向けて押さえつけて、獲物の体から肉塊を嚙みとる

写真 8-6　ジェンツーペンギンを捕らえる

ことができるけれど、海のなかではそういかない。ましてやアザラシの前肢は、水をかくためのひれに形を変えている。

そのため、ヒョウアザラシはくわえて海面からもちあげたペンギンの体を、首の動きによって激しく左右に振りまわす。こうすることで、獲物の体を引き裂き、ひと口でのみこめるほどの大きさになった肉塊を食べる。獲物を食べきるまでには、海面で激しく飛沫をあげながら、相当な回数ペンギンの体を振りまわさなければならない。もしも遠くでこうした水しぶきがあがれば、それだけでヒョウザラシの狩りが行われたことがわかるほどだ。

この捕食の方法は、多くのアシカ、アザラシに共通したもので、アラスカの海では大きなサケを捕らえたトドが見せた行動は観察したとおりだし、ニュージーランドオットセイが、捕らえた大きなタコを振りまわして食べているのを観察したこともある。

とりわけタコは魚にくらべて、振りまわしても体はちぎれにくく、そのときのニュージーランドオットセイが食べきるまでに相当に時間がかかったのが印象的だった。

そしてもうひとつ、遠くからでもヒョウアザラシが獲物を貪っていることを伝える光景は、その上を舞う海鳥たちの姿である。

極地にはオオフルマカモメや、サウスジョージア島でも観察したオオトウゾクカモメなど腐肉食性の動物たちが多い。熱帯や亜熱帯の世界なら、死んだ動物の体はすぐに腐敗して、その栄養分は土中や海中に帰ってふたたび次の栄養循環に組みこまれるが、寒冷地ではなかなか腐敗は進まない。腐肉食性の動物たちがいなければ、そこらじゅうに動物たちの死体が横たわる光景が広がりかねないところだが、幸いにも腐肉食性の動物たちが処理をしてくれて、亡骸はその生態系のなかの栄養循環にうまく組みこまれる。

腐肉を漁る鳥たちが、そんなことを意識しているわけではなく、そこにある食べ物に群らがるだけだが、ヒョウアザラシがくわえたペンギンの体を振りまわすまわりには、飛び散る小さな肉片を求めて、海鳥たちが群れ騒ぐのが常だ。

一方、ヒョウアザラシは捕らえたペンギンの体のすべてを食べつくすわけではなく、おおよその肉塊を食べたあとは、亡骸をそのまま海面に残して去っていく。そのあとは、肉の一片までついばもうとする海鳥たちだけで、最後の饗宴がつづけられることになる。

ペンギンの繁殖期には、一頭のヒョウアザラシは一日におよそ一〇羽のジェンツーペンギンを捕らえ

上：写真 8-7　海底に残されたヒョウアザラシに捕食されたジェンツーペンギンの亡骸
下：写真 8-8　カメラの前で大きく口を開いたヒョウアザラシ

ると考えられている。以前、ジェンツーペンギンの繁殖地がある前に広がる海に潜水したときのことだ。海底のそこここに、頭部と骨だけになったジェンツーペンギンの亡骸が沈んでいるのを見た。

ヒョウアザラシが食べたあとに、海鳥たちが残渣をついばみ、そのあとに残った骨が沈んだものである。こうした骨は、冷たい海のなかで長くそのままに残るのだろうが、いつかは海中の小生物たちによって食べられ、分解されて、ふたたび次の生命活動のなかに組みこまれていくことになる（写真8-7）。

ヒョウアザラシの海に潜る

ヒョウアザラシの水中での生態観察のために、何度かダイビングをしたことがある。小さな氷山が散在する場所だ。

ヒョウアザラシは、海岸近くでペンギンを待ち伏せすることも多いが、氷山の陰も獲物を待ち伏せする格好の場所になる。

ドライスーツという水に濡れない潜水服の内側に、たっぷりと暖かい服を着こんでの潜水である。衣類は十分に空気を含んでいるから、潜るためには相当量の鉛の重りをつけなければならない。それに空気のタンクや潜水のための機材すべてをあわせれば、おそらく三〇キロ近くのものを体につけているため、ボート上ではわずかな動きで精一杯だが、海中に滑りこめば重力から解放されて、一気に体の自由をとり戻すことができる。

体の浮力がちょうどゼロになるように調整して、海中にぽっかりと浮かんでまわりをゆっくりと眺めてみる。淡い濁りの向こうに、白く大きな塊が見えるのが氷山の海中の部分である。

「氷山の一角」という言葉は、見えている部分の奥には、見えていないもっと大きな部分があるという意味だが、氷山も海面上に見えている体積のおよそ一〇倍もの氷の塊が海中にある。近づいて見ると、氷山は巨大な氷壁となって海中に屹立している。

こうした氷山は、もともと陸上で降り積もった雪が悠久のときをかけて押しかためられて厚い氷になったあと海に崩れ落ちたものである。よく見ると、氷山のなかに、大小の石が閉じこめられていることがある。それはかつて、南極大陸の斜面を氷河となってまわりの大地を削りながら流れていたときに、氷の間にとりこまれたものである。

海に流れでた氷山は、やがて波によって削られたりとけたりして、小塊に割れることもある。一部が割れたり崩れたりした氷山は、海面での均衡を崩して、傾きを変えたり転倒したりとさまざまな動きを繰りかえす。そのため、氷山の近くで潜るときには、そこに起こるわずかな変化にも細心の注意が必要になる。もしも自分が潜るすぐ横で、巨大な氷山が横転すればただではすまない。

いま海中でぼくの目の前に立ちはだかる氷の壁は、幸い動く気配は見えない。青白く光を反射し、その表面では海水の動きに削りとられた跡が、さまざまな造形となって海中を飾っている。

体は、ドライスーツの内側にたっぷりと着こんでいる防寒具のおかげで、いっさい寒さは感じない。ただ直接海水に触れる顔の皮膚を通して、海の冷たさが伝わってくる。それでも、天候しだいではマイナス二〇度にもなる海上の気温にくらべれば、海水温はいくら下がってもマイナス一・八度だから、

〝穏やか〟と思わざるをえない。

こうして氷山が海中につくりだす氷の殿堂の風景を楽しんでいるとき、水中マスクの片隅に黒い影が通りすぎるのを見た。ふりかえると、一頭のヒョウアザラシの後ろ姿で、彼はかすかな濁りの向こうで細長い体でしなやかに弧を描きながら体を反転させて、今度は一直線にぼくに接近してきた。

ぼくの目前にきたヒョウアザラシは、口を精一杯に開いて見せる。ペンギンやカニクイアザラシの子どもを襲う鋭い歯のひとつひとつさえ、しっかりと見ることができる（写真8‐8）。

まだ多くの人びとが南極でのダイビングをすることがなかったころ、ヒョウアザラシが見せるこの行動が人びとを怖がらせ、そのたびにダイバーはボートの上に逃げ帰ったと聞く。近年は海中でヒョウアザラシの行動が観察される機会が多くなり、彼らのこの行動がけっして攻撃的なものでなく、どちらかといえば彼らが好奇心をもっていることの表れであることがわかってきた。そのことを知らなかったら、ぼく自身大急ぎで海上で待つボートに飛びあがっただろう。

このときのヒョウアザラシは、しばらくぼくの目の前で開けた口を誇示したかと思うと、少し離れてはふたたび接近して同じ行動を見せる。三度、四度この動きを繰りかえしたあと、あきたように濁りの向こうに泳ぎ去っていった。

ぼくのヒョウアザラシとの海中での最初の遭遇は、こうして数分で終わったけれど、その間にいろいろな観察ができた。

ひとつは、目の前で見せてくれた彼らの歯についてである。もちろんペンギンなどの獲物を捕らえるために鋭いものであることはまちがいないのだが、とくに口の側面をおおう頬歯は、その輪郭が複雑にいりくんで、先に紹介したカニクイアザラシのものによく似ていることだ。

ヒョウアザラシは、ペンギンやカニクイアザラシの恐ろしい捕食者としてあまりに有名だが、ペンギンが繁殖期を終えて多くが大海原へ散らばっていく冬期には、ペンギンを頻繁に襲うことがむずかしくなる。こうした時期には、カニクイアザラシと同じように、ナンキョクオキアミを食べて暮らしていることがわかっている[4]。彼らが一年のうちで食べる半分以上はナンキョクオキアミで、その歯もまたカニクイアザラシと同じように使われているのだろう。

もうひとつの観察は、その泳ぎ方である。

先に、アシカとアザラシの一般的な違いとして、アシカの仲間は翼のような前肢で力強く水をかいて泳ぐのに対して、アザラシの仲間は短い前肢は体側にぴったりとつけたまま、やはりひれ状になった後肢を左右に振るように泳ぐと紹介した。北半球に代表的なワモンアザラシやタテゴトアザラシの前肢を見ると、たしかに短く、五本の指はほとんど同じ長さで、ひれ状になったその先端からしっかりと爪が伸びだしていて〝くまで〟のように見える。どう見ても、泳ぐためのものというよりは、その爪をスパイクがわりに氷上を這い進んだり、海中から海氷上に這いあがるときに使いやすそうな姿である。

一方、ヒョウアザラシの前肢を見れば、どちらかといえばアシカの仲間のようなひれ状あるいは櫂状である。つまり、第一指がもっとも長く、第五指に向かって徐々に短くなっていくことで、この形をつくりあげており、水をかくのに便利な形ではないかと思っていたのだが、じっさいヒョウアザラシの泳

写真8-9　アシカのように翼のような前肢を使って泳ぐヒョウアザラシ

ぎを海中で見て納得がいった。彼はもちろん後肢も泳ぎに使ってはいたが、ひれ状あるいは櫂状の前肢でも頻繁に水をかいていた[5]（写真8-9）。

ぼくの目前を泳ぐヒョウアザラシは、アシカたちが水中で見せるように急な旋回や、体の柔らかさを誇示するようなジグザグの泳ぎなども頻繁に見せた。そのために、いままで目の前にいたヒョウアザラシがふいに消えて、次の瞬間には氷山の陰やぼくの後方から現れるといった、目眩《めくるめ》く動きに惑わされつづけることになった。

ウェッデルアザラシの暮らし

もう一種、南極を代表するアザラシは、ウェッデルアザラシである。「ウェッデル」とは、一九世紀に南極探検を行ったイギリスの航海者ジェームズ・ウェッデルに因む。

体長こそヒョウアザラシと同じくらいだが、胴部はヒョウアザラシよりも太い（体重も最大六〇〇キロに達して、アザラシ科のなかではミナミゾウアザラシ、キタゾウアザラシに次いで三番目に大きい）。また、ヒョウアザラシが捕食者そのものの猛々しい表情を見せるのに対して、ウェッデルアザラシのほうは丸顔で、ぼくたち人間の感覚だが、どちらかといえば〝かわいい〟容姿である。特徴的な斑模様が全身を飾るために、他種と見まちがうことのないアザラシである[6]（写真8-10）。

彼らの最大の特徴は——若い個体は氷縁部ですごすことも多いが——とくに成熟個体、繁殖個体は南極の氷の世界のもっとも奥まで分布することである。ときに、海が開けた場所からはずっと奥にあたるため、海氷に穴をあけて、そこから休息や子育てのための氷上と、餌とりのための海中との行き来を行う。

北極圏で観察したワモンアザラシも同じように、海氷に穴（呼吸孔）をあけて、氷上と海中との行き来を行うのだが、氷の穴のあけ方の違いがおもしろい。

北半球のワモンアザラシは、しっかりとした爪を露出させた〝くまで〟のような前肢をもち、その爪で氷をかいて穴をあける。一方、南極のウェッデルアザラシの前肢では、爪の先が皮膚の表面に少し突きだす程度。そのために、彼らは氷に穴をあけるために歯を使う。

ウェッデルアザラシの歯を見ると、上顎の犬歯と、その隣の二番目の門歯が前方を向いている。彼らは頭部を左右に振り、これらの歯で氷を削りとっていく。海氷が海をおおいつくす場所は、彼らにとって恐ろしいシャチさえ立ち入ることができず、ウェッデルアザラシたちにとっては楽園であるはずが、

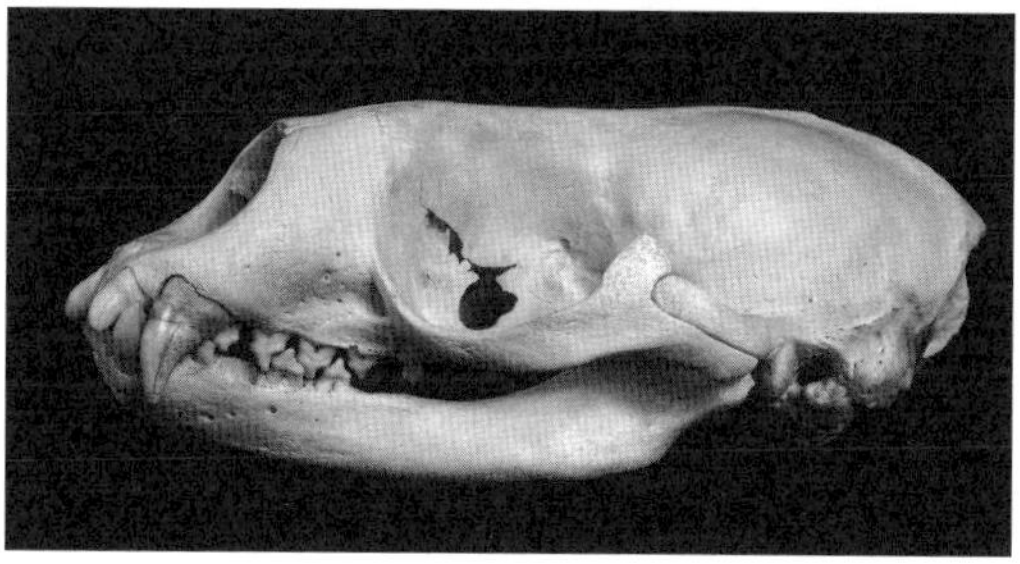

上：写真8-10　丸顔が特徴的なウェッデルアザラシ
下：写真8-11　ウェッデルアザラシの頭骨。2番目の門歯が前方を向いている（国立科学博物館蔵）

年齢を重ねた個体ではこれらの歯が擦り減り、呼吸孔をあけることができなくなるか、歯髄からの感染によって命を落とすことが多い[7]（写真8-11）。

南極の氷の下には、ライギョダマシやマゼランアイナメといった、ときに体長二メートルにもなる魚が数多くすんでいる。ウェッデルアザラシは氷の穴から海中に潜りこむと、こうした魚類や、もっと小さなコオリイワシなどの魚類を中心に捕食している。とすれば、カニクイアザラシ、ヒョウアザラシ、ウェッデルアザラシはすべて南極にすむといっても、その暮らしは三者三様。南極海の恵みをうまく使い分けているといっていい[8]。

ちなみに、ぼく自身観察したことがないロスアザラシについては、〝薄暮層〟とも呼ばれる水深二〇〇～一〇〇〇メートルの深みで餌をとっているらしい。

「南極のアザラシ」としてのミナミゾウアザラシ

フォークランド諸島やサウスジョージア島で観察したミナミゾウアザラシは、そもそも「亜南極のアザラシ」といえる動物だが、南極大陸の周辺にも分布する。また先にも紹介したが、サウスジョージア島や、アフリカ南部のクロゼ諸島、オーストラリア南部のマコーリー島で繁殖するミナミゾウアザラシも、繁殖期を終えて海で餌とりをつづける日々がはじまると、南極大陸周辺まで出かけるものが多い。そこに餌になる生き物たちが集まる豊かな世界があるからである。

また、南極半島に近いサウスシェトランド諸島にも、ミナミゾウアザラシの繁殖地があることが知られている。興味深いことに、そこで繁殖期を迎える雌にしても子どもにしても、地理的に近いサウスジョージア島で繁殖するものより概して体重が重いことが調べられた[9]。

南極半島周辺の海域は、サウスジョージア島周辺にくらべて餌生物の資源量は一〇倍にも達することが確かめられている。そのためにサウスジョージア島で繁殖するミナミゾウアザラシたちも、一三〇〇キロも離れた南極半島周辺まで餌とりに出かけるのだが、サウスシェトランド諸島で繁殖するミナミゾウアザラシたちは、こうした長旅を行わなくても豊かな餌生物の世界が近くにある。それだけ、食べるということにおいては、南極半島に近いサウスシェトランド諸島のミナミゾウアザラシたちは有利な状況にあるといっていい。

ちなみに、いま地球上のさまざまな場所で起こっている気候変動は、ミナミゾウアザラシにもさまざまな影響を与えているが、その与え方はじつに複合的で、その理解も一筋縄ではいかない。

南極海が例年より寒い年もあれば暖かい年もある。暖かい年は、たとえばサウスジョージア島をはじめ、上記のクロゼ諸島やマコーリー島周辺では概して餌になる生物が減少する。とすれば、近くで繁殖活動を行うミナミゾウアザラシたちにとっては不利に働くはずだが、そうした年は南極大陸をとりまく海氷も少なくなる。

繁殖期を終えて海での餌とり生活をはじめたミナミゾウアザラシたちのなかで、南極大陸周辺の海へ向かうものたちも、びっしりと海氷が海をおおいつくした場所までは入っていくことができない。浮上して呼吸ができないからだ。しかし、海氷が少なくなれば、より南へ、より南極大陸に近く餌生物が豊かな海域まで入っていくことができ、次の繁殖期に向けてたっぷりと栄養分を蓄えることができるようになる。

南極大陸のなかでも南極半島周辺は、地球上でも温暖化がもっとも進んでいる地域のひとつである。南極半島周辺は〝亜南極化〟しはじめているともいえる。とすれば、もともと亜南極の島じまに生息するミナミゾウアザラシにとってより好ましい環境になりつつあるわけで、近年はサウスシェトランド諸島のミナミゾウアザラシが個体数を増やしはじめているようだ[10]。

南極周辺のミナミゾウアザラシの増減は、もっと長い時間スケールのなかでも起こっていたことが近年確かめられている。

＊

南極半島と反対側にロス海と呼ばれる、南極大陸が大きく湾状に入りこんだ場所がある。現在のロス海は、いりくんだ海域のほとんどは氷におおわれて、そこまでミナミゾウアザラシが入りこむことはむずかしい。彼らが近づけるのは、海氷がもっとまばらにしか存在しない場所までである。

しかし、近年ロス海の奥で、ミナミゾウアザラシの古い毛や皮が多く発見された。じつは、南極大陸にも長い年月の間に比較的温暖な時期と寒冷な時期が繰りかえし訪れており、とりわけ一〇〇〇〜二三〇〇年前と、四二〇〇〜六〇〇〇年前は、ロス海周辺はいまよりずいぶん暖かく、海氷もまばらでミナミゾウアザラシたちが日常的にたどり着けたらしい。じっさい、発見された毛や皮の状況から、彼らがそこで繁殖や換毛を行っていたことが確かめられた。一方、二五〇〇〜四〇〇〇年前は寒冷になり海氷が増えた時期で、その時期にあたるミナミゾウアザラシの毛や皮は見あたらないという[11]。

こうして本来「亜南極のアザラシ」とされるミナミゾウアザラシも、環境に応じてその暮らしをダイナミックに変化させながら、南極大陸とそれをとりまく海を生活の舞台の一部としてとりこんできたのである。

◀次頁：襟裳岬につづく岩礁に上陸するゼニガタアザラシ

第9章 日本でアシカ・アザラシを観察する

道東を中心に

これまで世界の各地でアシカ、アザラシの仲間を観察してきたが、もちろん日本国内でも見ることができる。この仲間は高緯度海域に多いことを考えれば、北海道をとりまく海がもっともふさわしい観察場所になるはずだ。とはいえ、ぼく自身これまで書いてきたような海外の種に対して、国内で鰭脚類《ききゃくるい》を集中して観察しているわけではないので、総論だけを紹介することになる。

日本近海で見られるアシカ科の動物なら、各地の水族館でも見られるトドとキタオットセイがあげられる。ともに日本国内では繁殖はしておらず、オホーツク海やサハリン沿岸にある繁殖地から回遊してくるものたちである。なかでもサハリン東岸に浮かぶチュレニー島（海豹島）や千島列島の各地は、トドにもキタオットセイにも重要な繁殖地だ。サハリンの北方、オホーツク海に浮かぶイオニー（イオナ）島も、トドの貴重な繁殖地である。

たとえばキタオットセイでいえば、先に紹介したコマンドル諸島には二七万頭が集まるのに対して、チュレニー島では一九万頭が集まると見積もられているから、十分に大きい数字である[1]。そして両種とも初夏から秋までは、繁殖地での繁殖活動に忙しいため、彼らが南へ、日本近海へ回遊してくるのは晩秋以降である。

じっさい晩秋以降に北海道沿岸を航行する船舶、あるいは本州と北海道をつなぐフェリーに乗船すれば、波間を泳ぐキタオットセイの姿を目にすることがある。海面に波が渡るように、黒い背が見え隠れ

写真 9-1　北海道、釧路沖で出会ったキタオットセイ

しながら泳いでいく場合もあれば、ぽっかりと海面に浮かんで上半身を海面から突きだす姿を見る場合もある（写真9-1）。

幸運にも近くで見ることができれば、海面から突きだした上半身を震わせて、オットセイ特有の長い毛を揺らして水を弾いたり、海面から突きだした前肢と後肢を重ねあわせてぽっかりと海面に浮かぶ姿を目にすることもある。彼らの長い毛のなかに含まれる空気が、冷たい海のなかで〝防寒具〟として働いてくれることや、海上で休むときに浮力を与えてくれるものであることは、先に紹介したとおりである。

かつて、キタオットセイは晩秋から冬にかけて、北日本の太平洋側に来遊する（そのために三陸沖を航行するフェリーでよく観察される）といわれ、じっさいぼく自身その姿を見るために、こうしたフェリーに乗船したこともあった。しかし、近年日本海側にも多く来遊するようになっているらしい。産卵のために日本海に集まるスケソウダラやホッケを狙ってのものであるらしい[2]。

一方、トドについては第2章で紹介したように、北太平洋に広く分布し、アラスカのサックリング岬から東側（南東アラスカ〜カナダ沿岸）と西側（アラスカ湾〜アリューシャン列島〜千島列島、オホーツク海）に生息するものが、別亜種に分類されている。

太平洋の東側ではカナダ太平洋岸からアラスカ沿岸を旅すれば広く観察できる動物で、そのあたりの海は冬期でも凍らないために、繁殖期を終えて冬を迎えても、比較的繁殖地に近い場所で暮らすものも知られている。一方、オホーツク海やサハリン周辺では冬期は凍結することが多いため、繁殖期を終えれば南への回遊をはじめなければならない。北海道近海に来遊するのは、そうしたものたちである（すでにはじまっているのかもしれないが、オホーツク海やサハリン周辺の冬期の凍結の具合も、気候変動にあわせて変化しうるから、それもまたトドの移動に影響を与えているかもしれない）。

かつてトドは、とりわけ西側の亜種が個体数を減らしていたが、近年は北米側でも極東側（とりわけ日本近海に来遊するものではチュレニー島）でも個体数を増やしており（アリューシャン列島ではまだ減少傾向にあるらしい）、それにあわせて北海道沿岸に来遊する個体数も増えている。宗谷岬沖の弁天島や日本海に面した雄冬岬に上陸する姿が多く観察されるようになり、漁業者との軋轢が懸念されているのは近年報道でもよく目にするとおりである[3]。

ちなみに、日本近海にすむアシカといえば、以前ならもう一種いた。ニホンアシカで、日本海全域、

写真 9-2　シーボルトの『日本動物誌 Fauna Japonica/ 哺乳類・爬虫類編』（1823〜1830）に描かれたニホンアシカ。*Otaria stelleri* の学名で記載されている（京都大学大学院理学研究科蔵）

サハリン南部から千島列島の沿岸にかけて生息していた動物で、その骨は国内の縄文遺跡からも発見されている。シーボルトが一八二三〜三〇年にかけて著した『日本動物誌』のなかにも精緻な図とともに記載されている（写真9-2）。

二〇世紀の初期に竹島で行われた猟によって個体数が激減、一九七五年に竹島で最後に目撃されて以来、不確かな情報はあるものの、目撃されていない。現実的には、絶滅していると思われるが、環境省レッドリストでは、過去五〇年にわたって信頼できる生息情報がないものが「絶滅」と評価されるため、現時点では「絶滅危惧種IA類」に分類されている。

日本近海のアザラシ

一方、アザラシのほうはどうか。以前、アゴヒゲアザラシが多摩川や那珂川に姿を見せ、「タマちゃん」「ナカちゃん」（ともに未成熟個体）と名づけられてニュースになったことがあるが、アゴヒゲアザラシは本書の冒頭でも紹介したとおり、本来もっと高緯度の北極海を中心に生息するもので、明らかに迷子になって来遊したものだ。同様に、北極海に生息するワモンアザラシが、日本近海で保護されることもある。

もっと日常的な形で観察できるものでいえば、ゴマフアザラシ、ゼニガタアザラシの二種だが、日本で繁殖するのはゼニガタアザラシだけだ。そしてもう一種、〝日常的〟とはいえないけれど、北海道近海で観察できるのはクラカケアザラシである。

クラカケアザラシは、褐色の体に淡色の帯模様が、馬具をかけた姿を思わせて「鞍掛」と名づけられたものだ（英語ではRibbon sealと呼ばれる）（写真9-3）。このアザラシは、繁殖期にはベーリング海やオホーツク海

写真 9-3　飼育されている唯一のクラカケアザラシ（アクアマリンふくしま）

写真 9-4　ゴマフアザラシは水族館でも多く飼育されている（島根県立しまね海洋館）

の沖合の流氷ですごすために観察される機会が少なく、その生態も謎に包まれた部分も多いが、日本では三～四月の流氷がより南方に流れてくるのにあわせて北海道東部で見られることがある。そして、夏から秋にかけては沖合で分散して暮らすようで、ますます観察をむずかしいものにしている[4]。

一方、ゴマフアザアシは水族館でも多く飼育されているため、その名のとおり小さな茶褐色の斑模様を体に散らす姿は、動物愛好家には馴染みは深いだろう（写真9-4）。彼らはオホーツク海や千島列島周辺、ベーリング海西部に生息し、初春に流氷上で出産、子育てを行う。ぼくがサハリンを旅したとき、いくつかの村でアザラシ猟を見学したが、その対象はほぼすべてゴマフアザラシだった。

北海道周辺ではとくに稚内など道北、道東で冬期を中心に目撃されて、稚内の抜海港は冬をそこですごすゴマフアザラシがよく観察される場所として知

写真 9-5　日本で繁殖する唯一の鰭脚類ゼニガタアザラシ。襟裳岬で

られている。

ちなみに高緯度海域に生息するものは、秋に海氷が発達するときに、その外縁部に沿うように南に移動し、その一部が道北、道東で見られることになる。一〜四月（高緯度のものほど遅い傾向がある）に流氷上で出産、一か月ほどで離乳する。[5]

もう一種、ゼニガタアザラシは、（ニホンアシカが姿を消したいま）日本で繁殖する唯一の鰭脚類である。このアザラシについては第2章で、北半球に広く分布していることを紹介した。ぼく自身、ノルウェー北極圏のスバールバル諸島やスカンジナビア半島沿岸でも出会っている。

そのなかで日本で観察できるものは、第2章でも紹介したとおり（北太平洋に分布する）*Phoca vitulina richardii* で、なかでも銭形紋をもつ暗色型のものが多い（北太平洋のものをさらに、太平洋の東側と西側で別亜種に分けることもあり、そのときは日本を含む極東のものは *P.v.stejnegeri* とされる）。

先に紹介したほかのアザラシが道北や道東で多く見られるのに対して、ゼニガタアザラシの繁殖地は、襟裳岬や大黒島を含む厚岸町沿岸など太平洋岸にある。とりわけ襟裳岬は、最大六〇〇頭の上陸が観察されて、日本最大の繁殖地である（写真9-5）。

風の岬、襟裳岬の先端にある展望デッキに出れば、沖合に向かって連なる岩礁の上に、かたまって休むゼニガタアザラシの姿を肉眼でも観察することができる。それでもよく見れば、たがいの個体はたがいに触れあわない程度の距離を保っているのがわかる。

アラスカでも紹介したように、たとえばゼニガタアザラシは決まった上陸地に集まってすごすことが知られているが、季節によって（餌の利用のしやすさなどに関わるのかもしれない）上陸地を変える場合もある。ときに雄たちが集まってすごす光景も観察できるのは、陸上で交尾を行う多くのアザラシに対して、ゼニガタアザラシは水中で交尾を行い、雄がなわばり（「マリトリー」と呼ばれる）をつくるのが水中であることと関わっている[6]。

雌は五月を中心に岩礁の上で出産、四〜六週間をかけて離乳。アザラシとしてはめずらしく、子どもは生まれたときから水に入ることができ、母親が子を連れて海に入ったり潜ったりする行動も観察されている。繁殖期が終わっても、雄は概して同じ上陸海岸にとどまるが、雌は子どもの離乳のあと繁殖地を離れる例が知られている。

おわりに

この本を書くまでに、世界のさまざまな場所を訪れてアシカやアザラシの暮らしを観察し、その地での歴史に触れてきたり、相当に多くの資料にも目を通してきたが、これまでこの動物たちが人類とともにたどってきた道は、それなりに興味深いものだった。

一生大海原を泳ぎつづけるクジラの仲間とは異なり、アシカやアザラシの仲間は一年のある季節は、繁殖と換毛のために陸上ですごす。そのために、人類が住んだ大陸の一部に生息するものなら、たとえば（現在のロシアのバイカル湖に生息する）バイカルアザラシのように、先史時代から狩られてきた歴史がある。

一方、大陸から遠く離れた僻遠の島じま、絶海の孤島に生息するアシカやオットセイであれば、大航海時代を経て発見された島じまで膨大な数の動物が群れる光景が伝えられるようになった。そして、その後大海原をいく航海がもはや冒険ではなく、人びとが交易や狩猟を目的に世界中に出かけはじめた時代になれば、先史時代の猟とは比較にならない量と速度で狩られはじめる。

とりわけ南大洋に浮かぶサウスジョージア島のような僻遠の島じまにすむアシカやオットセイは、概して一九世紀の中ごろまでに乱獲によって大きく（ときには絶滅寸前まで）個体数を減らしている。場所は異なるけれど（そして鰭脚類《ききゃくるい》ではないが）、一七四一年に遭難して現在コマンドル諸島と呼ばれる島じまに流れついたベーリング一行によって発見されたあと、集中的に捕獲されて、発見からわずか二十数年後の一七六四年が最後の目撃になったステラーカイギュウはその典型的な例である。

こうした状況から潮流を変えたのは、個体数が減りすぎたために狩猟効率が下がったこと、つまりは以前ほど簡単に大量に獲れなくなったことと、そのころから航海術や捕鯨の技術の格段の向上によって、南極海を中心に大海原を泳ぎまわるシロナガスクジラに代表される大型クジラが捕獲できるようになり、世界の趨勢が〝アザラシ、オットセイ猟の時代〟から〝捕鯨の時代〟に変わったことである。この動きのおかげで、ヒゲクジラが激減し余剰になったナンキョクオキアミを糧に、カニクイアザラシやナンキョクオットセイが個体数を急激に増やしたのは皮肉な現象ではある。

もちろんそれ以降も狩られつづけて、さらに個体数を減らすものもあれば、時代の流れのなかで保護されるか、狩られるにしても捕獲数が制限されるようになったものもいる。しかし、むしろいま人間による鰭脚類へのより大きな、かつ地球規模の影響といえば、ひとつは生態系の高次捕食者であることが災いして、彼らの体に汚染化学物質が高濃度に蓄積されていることだろう。当然のことながら、ヨーロッパのバルト海沿岸や日本近海、さらには先に紹介したバイカル湖など人口稠密地域や、産業活動が行われる場所に近い水域に生息するアザラシたちにその影響がとくに大きい。

じつは一九七〇年代後半以降、世界の各地でアザラシやイルカなど海生哺乳類の大量死が報告されてきた。アザラシだけに限っても、アメリカ東海岸でゼニガタアザラシが一九七九〜八〇年にかけて約四〇〇頭、北大西洋で同じくゼニガタアザラシが一九八八年には一万八〇〇〇頭、二〇〇二年には二万二〇〇〇頭、ロシア、バイカル湖ではバイカルアザラシが一九八七〜八八年に約八〇〇〇頭、カスピ海ではカスピカイアザラシが一九九七年と二〇〇〇～〇一年にあわせて一万頭近く、さらにこの本の制作の最終段階を迎えていた二〇二二年一二月に二五〇〇頭の大量死が起こっている。

これらの大量死の原因がすべて明らかになったわけではないが、汚染化学物質が体内に蓄積することで免疫系が損なわれることにより、本来なら影響がなかったはずの感染症によるものというのが科学者たちの共通した見かたである。[1]

＊

そしてもうひとつは、もはやまちがいなく人間活動、産業活動によってもたらされたことが明らかになった気候変動、とりわけ温暖化によるものである。

北極海は地球上で温暖化の影響をもっとも大きく受けている場所のひとつで、海をおおう氷の減少が激しい。とすれば、海氷上で出産、子育てをする北極圏のアザラシたちの暮らしが立ちゆかなくなることは容易に想像できる。今世紀の半ばまでには北極海の夏期の海氷が完全になくなることが予想されているけれど、いずれにせよあと二〇～三〇年という、進化史からいえば利那ともいえる時間のうちに、北極海に生息するワモンアザラシやアゴヒゲアザラシなど多くの動物たちが大きな試練を迎えることになる。

こうして広く眺めてくると、いかに人類が野生動物に対して迷惑な存在であったかを痛感する。もし、いまも進行中の気候変動を食いとめる方向でぼくたちが努力しないならば、ただ富だけを求めてアザラシたちを無節操に狩りつづけたころから、ぼくたちはなにも進歩していないことになる。

＊

ちなみに、本書のためにすてきなデザインをしていただいた遠藤勁さんには、もともと書籍編集者であったぼくが（もう四〇年も前の話だが）雑誌編集の世界でお世話になるとともに、ぼくのデビュー作ともいえる『オルカ――海の王シャチと風の物語』や『オルカ　アゲイン』等々もデザインしていただいている。本書の編集およびレイアウト途中でも、この四〇年にわたる時の流れを感じつつ楽しいやりとりをさせていただいた。

また、原稿に注意深く目を通していただき、貴重な助言をいただいた京都大学の三谷曜子さん、本書をまとめるのに尽力いただいた東京大学出版会編集部の光明義文さんにも、あわせて厚くお礼を申し上げる。

二〇二二年一二月　コロナ禍がなければ、そろそろ南半球のどこかへ取材に出かけるはずの季節に。

水口博也

引用文献

はじめに

［1］ 甲能直樹．2021.「鰭脚類はどのように進化してきたのか」(『世界で一番美しい　アシカ・アザラシ図鑑』p.136–139.)

第1章

［1］ Kovacs, K.M. 2016. *Cystophora cristata*. The IUCN Red List of Threatened Species 2016: e.T6204A45225150.

［2］ Kovacs, K.M. 2015. *Pagophilus groenlandicus*. The IUCN Red List of Threatened Species 2015: e.T41671A45231087.

［3］ Lacoste, K.N. & G.B. Stenson. 2000. Winter distribution of harp seals (*Phoca groenlandica*) off eastern Newfoundland and southern Labrador. Polar Biology 23: 805–811.

［4］ Tucher, S., W. Don Bowen, S.J. Iverson, W. Blanchard & G.B. Stenson. 2009. Source of variation in diets of harp and hooded seals estimated from quantitative fatty acid signature analysis (QFASA). Mar. Ecol. Prog. Ser. 384: 287–302.

［5］ Kapel, F.O. 2014. Feeding habits of harp seal and hooded seals in Greenland waters. NAMMCO Sci. Publ. 2: 50–64.

［6］ Born, E.W., J. Teilmann, M. Acquarone & F.F. Riget. 2004. Habitat use of ringed seals (*Phoca hispida*) in the North Water Area (North Baffin Bay). Arctic 57: 129–142.

［7］ Kovacs, K.M. & C. Lydersen. 2008. Climate change impacts on seals and whales in the North Atlantic Arctic and adjacent shelf seas. Sci. Prog. 91(2): 117–150.

［8］ Leidre, K.L., H. Stern, K.M. Kovacs & L.F. Lowry. 2015. Arctic marine mammal population status, sea ice habitat loss, and conservation recommendations for the 21st century. Conservation Bi-

ology 90(3): 1–14.

[9] Watanabe, Y., E.A. Baranov & N. Miyazaki. 2020. Ultrahigh foraging rates of Baikal seals make tiny endemic amphipods profitable in Lake Baikal. PNAS 117(49): 31242–31248.

[10] 渡辺佑基. 2021.「バイカルアザラシは何を食べているか」(『世界で一番美しい　アシカ・アザラシ図鑑』p.51–53.)

[11] Frouin-Mouy, H., X. Mouy, B. Martin & D. Hannay. 2016. Underwater acoustic behavior of bearded seals (*Erignathus barbatus*) in the northeastern Chukchi Sea, 2007–2010. Mar. Mam. Sci. 32(1): 141–160.

[12] Lobet, S.M., H. Ahonen, C. Lydersen, J. Børge, R. Ims & K. M. Kovacs. 2021. Bearded seal (*Erignathus barbatus*) vocalizations across seasons and habitat types in Svalbard, Norway. Polar Biology 44: 1273–1287.

[13] Risch, D., C.W. Clark, P.J. Corkeron, A. Elephandt, K.M. Kovacs, C. Lydersen, I. Stirling & S.M. Van Parijs. 2007. Vocalizations of male bearded seals, *Erignathus barbatus*: classification and geographical variation. Animal Behaviour 73: 747–762.

[14] MacCracken J.G. 2012. Pacific Walrus and climate change: observations and predictions. Ecology and Evolution 2(8): 2072–2090.

第2章

[1] Gelatt, T. & K. Sweeney. 2016. *Eumetopias jubatus*. The IUCN Red List of Threatened Species 2016: e.T8239A45224749.

[2] Loughlin, T.R., A.S. Perlov & V.A. Vladimirov. 1992. Range-wide survey and estimation of total number of Steller sea lions in 1989. Mar. Mam. Sci. 8: 220–239.

[3] Loughlin, T.R. 1998. The Steller sea lion: a declining species. Biosphere Conserv. 1: 91–98.

[4] Benson, A.J. & A.W. Trites. 2002. Ecological effects of regime shifts in the Bering Sea and eastern North Pacific Ocean. Fish and Fisheries 3: 95–113.

[5] Merrick, R.L., M.K. Chumbley & G.V. Byrd. 1997. Diet diversity of Steller sea lions (*Eumetopias jubatus*) and their population decline in Alaska: a potential relationship. Can. J. Fish. Aquat. Sci. 54: 1342–1348.

[6] Rosen, D.A.S. & A.W. Trites. 2000. Pollock and the decline of Steller sea lions: testing the junk-food hypothesis. Can. J. Zool. 78: 1243–1250.

[7] Estes, J.A., M.T. Tinker, T.M. Williams & D.F. Doak. 1998. Killer whale predation on sea otters linking oceanic and nearshore ecosystems. Science 16; 282(5388): 473–476.

[8] Blundell, G.M., J.N. Womble, G.W. Pendleton, S.A. Karpovich, S.M. Gende & J.K. Herreman. 2011. Use of glacial and terrestrial habitats by harbor seals in Glacier Bay, Alaska: costs and benefits. Mar. Ecol. Prog. Ser. 429: 277–290.

[9] Womble, J.N., G.W. Pendleton, E.A. Mathews, G.M. Blundell, N.M. Bool & S.M. Gende. 2010. Harbor seal (*Phoca vitulina richardii*) decline continues in the rapidly changing landscape of Glacier Bay National Park, Alaska 1992–2008. Mar. Mam. Sci. 26(3): 686–697.

[10] Bengtson, J.L., A.V. Phillips, E.A. Mathews & M.A. Simpkins. 2007. Comparison of survey methods for estimating abundance of harbor seal (*Phoca vitulina*) in glacial fjords. Fishery Bulletin 105: 348–355.

[11] Frost, K.J., L.F. Lowry & J.M. Ver Hoef. 1999. Monitoring the trend of harbor seal in Prince William Sound, Alaska, after the Exxon Valdez oil spill. Mar. Mam. Sci. 15: 494–506.

第3章

[1] Allen, S. 2021 Harbor Seals in Eastern North Pacific.（「東部北太平洋のゼニガタアザラシ」（『世界で一番美しい　アシカ・アザラシ図鑑』p.70–73.）

[2] Aurioles-Gamboa, D., J. Hernandez-Camacho. 2015. *Zalophus californianus*. The IUCN Red List of Threatened Species 2015: e.T41666A45230310.

[3] Flatz, R., M. González-Suárez, J.K. Young, C.J. Hernández-Camacho, A.J. Immel & L.R. Geber. 2012. Weak polygyny in California sea lions and the potential for alternative mating tactics. PLoS One 7(3): e33654.

[4] 佐藤克文. 2021.「喰うべきか喰わざるべきか——鰭脚類の授乳期の生活史戦略」（『世界で一番美しい　アシカ・アザラシ図鑑』p.174–179.）

[5] Laake, J.L., M.S. Lowry, R.L. Delong, S.R. Merin & J.V. Carretta. 2018. Population growth and status of California sea lions. J. Wildlife Management 82(1): 1–13.

第4章

[1] Turvey, S.T. & C.L. Risley. 2006. Modelling the extinction of Steller's sea cow. Biol. Lett. 2: 94–97.

[2] Gelatt, T., R. Ream & D. Johnson. 2015. *Callorhinus ursinus*. The IUCN Red List of Threatened Species 2015: e.T3590A45224953.

[3] Belonovich, O.A., S.V. Fomin, V.N. Burkanov, R.D. Andrew & R.W. Davis. 2016. Foraging behavior of lactating northern fur seals (*Callorhinus ursinus*) in the Commander Island, Russia. Polar Biology 39: 357–363.

[4] Baker, J.D. 2007. Post-weaning migration of northern fur seal *Callorhinus ursinus* pups for the Pribilof Islands, Alaska. Mar. Ecol.

Prog. Ser. 341: 243–255.

[5] Baba, N., A.I. Boltnev & A.I. Stus. 2000. Winter migration of female northern fur seals *Callorhinus ursinus* from the Commander Islands. Bull. Nat. Res. Inst. Far Seas Fish. 37: 39–44.

[6] Horimoto, T., Y. Mitani & Y. Sakurai. 2016. Spatial association between northern fur seal (*Callorhinus ursinus*) and potential prey distribution during the wintering period in the northern Sea of Japan. Fish. Oceangr. 25(1): 44–53.

[7] Zappelin, T., N. Pelland, J. Sterling, B. Brost, S. Melin, D. Johnson, M.A. Lea & R. Ream. 2019. Migratory strategies of juvenile northern fur seals (*Callorhinus ursinus*): bridging the gap between pups and adults. Scientific Reports 9: 13921.

[8] Rattenborg, N.C., C.J. Amianer & S.L. Lima. 2000. Behavioral, neurophysiological and evolutionary perspective on unihemispheric sleep. Neuroscience and Biobehavioral Reviews 24(8): 817–842.

[9] Donoghue, M. & A. Wheeler. 1993. "Save the Dolphins". Whitcoulls.（邦訳『イルカを救ういくつかの方法』. 1996. 講談社. 水口博也訳.）

[10] Schulz, T. M. & W. Bowen. 2005. The evolution of lactation strategies in pinnipeds: a phylogenetic analysis. Ecological Monographs 75: 159–177.

[11] Lowry, L. 2015. *Neomonachus tropicalis*. The IUCN Red List of Threatened Species 2015: e.T13655A4522871.

[12] 杉原通信. 2008.『郷土の歴史から学ぶ竹島問題』第 11 回「ニホンアシカと竹島」https://www.pref.shimane.lg.jp/admin/pref/takeshima/web-takeshima/takeshima04/sugi/take_04g11.html

第5章

[1] Kirkman, S.P., D.P. Costa, A.L. Harrison, P.G.H. Kotze, W.H. Oosthuizen, M. Weise, J.A. Botha & J.P.Y. Arnold. 2019. Dive behavior and foraging effort of female Cape fur seals *Arctocephalus pusillus pusillus*. Royal Society Open Science 6: 191369.

[2] Parrish, F.A., K. Abernathy, G.J. Marshall & B.M. Buhleier. 2002. Hawaiian monk seals (*Monachus schauinslandi*) foraging in deep-water coral beds. Mar. Mam. Sci. 18(1): 244–258.

[3] Trillmich, F. 2015. *Zalophus wollebaeki*. The IUCN Red List of Threatened Species 2015: e.T41668A45230540.

[4] Tui De Roy. 2021. Galapagos Sea Lions Hunting Yellowfin Tuna. (「キハダマグロを狩るガラパゴスアシカ」『世界で一番美しい　アシカ・アザラシ図鑑』p.116–121.)

[5] Trillmich, F., J.W.E. Jeglinski, K. Meise & P. Piedrahita. 2014. The Galapagos Sea Lion: Adaptation of Spatial and Temporal Diversity of Marine Resources Within the Archipelago. In Denkinger, J. & L. Vinueza (eds). The Galapagos Marine Reserve: Social and Ecological Interactions in the Galapagos Islands. Springer Science+Business Media New York.

[6] Franco-Trecu, V., P. Costa, Y. Schramm, B. Tassino & P. Inchausti. 2014. Sex on the rocks: reproductive tactics and breeding success of South American fur seal males. Behavioral Ecology 25(6): 1513–1523.

[7] Trillmich, F. 2015. *Arctocephalus galapagoensis*. The IUCN Red List of Threatened Species 2015: e.T2057A45223722.

[8] Dellinger, T. & F. Trillmich. 1999. Fish prey of sympatric Galapagos fur seals and sea lions: seasonal variation and niche separation. Can. J. Zool. 77: 1204–1216.

[9] Franco-Trecu, V., D. Aurioles-Gamboa & P. Inchausti. 2013. Indi-

vidual trophic specialization and niche segregation explain the contrasting population trends of two sympatric otariids. Marine Biology 161(3): 609–618.

[10] Trillmich, T. & D. Limberger. 1985. Drastic effect of El Niño on Galapagos pinnipeds. Oecologia 67: 19–22.

[11] Páez-Rosas, D., J. Torres, E. Espinoza, A. Marchetti, H. Seim & M. Riofrio-Lazo. 2021. Declines and recovery in endangered Galapagos pinnipeds during the El Niño event. Scientific Reports 11: 8785.

第6章

[1] 甲能直樹. 2021.「鰭脚類はどのように進化してきたのか」(『世界で一番美しい　アシカ・アザラシ図鑑』p.136–139.)

[2] Hofmeyr, G.J.G. 2015. *Mirounga leonina*. The IUCN Red List of Threatened Species 2015: e.T13583A45227247.

[3] Cárdenas-Alayza, S., E. Crespo & L. Olivveira. 2016. *Otaria byronia*. The IUCN Red List of Threatened Species 2016: e.T41665A61948292.

[4] Franco-Trecu, V., D. Aurioles-Gamboa & P. Inchausti. 2013. Individual trophic specialization and niche segregation explain the contrasting population trends of two sympatric otariids. Marine Biology 161(3): 609–618.

[5] Franco-Trecu, V., M. Drago, M.F. Grandi, A. Soutullo, E.A. Crespo & P. Inchausti. 2019. Abundance and population trends of the south American fur seal (*Arctocephalus australis*) in Uruguay. Aquatic Mammals 45(1): 48–55.

[6] Bradshaw, C.J.A., C. Lalas & S. McConkey. 1998. New Zealand sea lion predation on New Zealand fur seals. New Zealand Journal of Marine and Freshwater Research 32: 101–104.

第7章

[1] Hofmeyr, G.J.G. 2016. *Arctocephalus gazella*. The IUCN Red List of Threatened Species 2016: e.T2058A66993062.

[2] Barlow, K.E., I.L. Boyd, J.P. Croxall, K. Reid, I.J. Staniland & A.S. Brierley. 2002. Are penguins and seals in competition for Antarctic krill at South Georgia? Marine Biology 140: 205–213.

[3] Boveng, P.I., L.M. Hiruki, M.K. Schwartz & J.L. Bengtson. 1998. Population growth of Antarctic fur seals: limitation by a top predator, the leopard seal? Ecology 79(8): 2863–2877.

[4] Krause, D.J., M.E. Goebel & C.M. Kurle. 2020. Leopard seal diets in a rapidly warming polar region vary by year, season, sex and body size. BMC Ecology 20: 32.

[5] Poncet, S. & K. Crosbie. 2005. A Visitor's Guide to South Georgia. WildGuides Ltd.

[6] Hofmeyr, G.J.G. 2015. *Mirounga leonina*. The IUCN Red List of Threatened Species 2015: e.T13583A45227247.

[7] Boyd, I.L., T.R. Walker & J. Poncet. 1996. Status of southern elephant seals at South Georgia. Antarctic Science 8(3): 237–244.

[8] 安達大輝．2021．「潜り続け，食べ続ける――キタゾウアザラシの海洋生活」(『世界で一番美しい　アシカ・アザラシ図鑑』p.76–77.)

[9] McConnell, B.J., C. Chambers & M.A. Fedak. 1992. Foraging ecology of southern elephant seals in relation to the bathymetry and productivity of the Southern Ocean. Antarctic Science 4(4): 393–398.

[10] McConnell, B.J. & M.A. Fedak. 1996. Movement of southern elephant seals. Can. J. Zool. 74: 1485–1496.

第8章

[1] Hückstädt, L. 2015. *Hydrurga leptonyx*. The IUCN Red List of

Threatened Species 2015: e.T10340A45226422.
［2］ Siniff, D.B. & J.L. Bengtson. 1977. Observations and hypotheses concerning interactions among crabeater seals, leopard seals, and killer whales. J. Mammalogy 58(3): 414–416.
［3］ Hückstädt, L. 2015. *Lobodon carcinophaga*. The IUCN Red List of Threatened Species 2015: e.T12246A45226918.
［4］ Krause, D.J., M.E. Goebel & C.M. Kurle. 2020. Leopard seal diets in a rapidly warming polar region vary by year, season, sex and body size. BMC Ecology 20: 32.
［5］ Hooking, D.P., F.G. Marx, S. Wang, D. Burton, M. Thompson, T. Park, B. Burvill, H.L. Richards, R. Sattler, J. Robbins, R.P. Miguez, E.M.G. Fitzgerald, D.J. Slip & A.R. Evans. 2021. Convergent evolution of forelimb-propelled swimming in seals. Current Biology 31: 2404–2409.
［6］ Hückstädt, L. 2015. *Leptonychotes weddellii*. The IUCN Red List of Threatened Species 2015: e.T11696A45226713.
［7］ Stirling, I. 1969. Tooth wear as a mortality factor in the Weddell seal, *Leptonychotes weddelli*. J. Mammalogy 50(3): 559–565.
［8］ 内藤靖彦. 2021.「南極海のアザラシ」(『世界で一番美しい　アシカ・アザラシ図鑑』p.196–199.)
［9］ Bornemann, H., M.Kreyscher, S. Ramdohr, T. Martin, A. Carlini, L. Sellmann & J. Plötz. 2001. Southern elephant seal movements and Antarctic sea ice. Antarctic Science 12(1): 3–15.
［10］ Gil-Delgado, J.A., J.A. Villaescusa, M.E. Diazmacip, D. Velazquez, E. Rico, M. Toro, A. Quesada & A. Camacho. 2013. Minimum population size estimates demonstrate an increase in southern elephant seals (*Mirounga leonina*) on Livingstoen Island, maritime Antarctica. Polar Biology 36: 607–610.
［11］ Hall, B.L., A.R. Hoelzel, C. Baroni, G.H. Denton, B.J. Le Boeuf, B.

Overturf & A.L Töpf. 2006. Holocene elephant seal distribution implies warmer-than-present climate in Ross Sea. PNAS 103(27): 10213 10217.

第9章

[1] Gelatt, T., R. Ream & D. Johnson. 2015. *Callorhinus ursinus*. The IUCN Red List of Threatened Species 2015: e.T3590A45224953.

[2] Horimoto, T., Y. Mitani & Y. Sakurai. 2016. Spatial association between northern fur seal (*Callorhinus ursinus*) and potential prey distribution during the wintering period in the northern Sea of Japan. Fish. Oceangr. 25 (1) : 44–53.

[3] Hattori, K., T. Kitakado, T. Isono & O. Yamamura. 2021. Abundance estimates of Steller sea lions (*Eumetopias jubatus*) off the western coast of Hokkaido, Japan. Mammal Study 46: 3–16.

[4] Lowry, L. 2016. *Histriophoca fasciata*. The IUCN Red List of Threatened Species 2016: e.T41670A45230946.

[5] Boveng, P. 2016. *Phoca largha*. The IUCN Red List of Threatened Species 2016: e.T17023A45229806.

[6] Allen, S. 2021. Harbor Seals in Eastern North Pacific.（「東部北太平洋のゼニガタアザラシ」（『世界で一番美しい　アシカ・アザラシ図鑑』p.70–73.）

おわりに

[1] 野見山桂. 2021.「鰭脚類の体にたまる有害化学物質」（『世界で一番美しい　アシカ・アザラシ図鑑』p.202–205.）

全体として

[1] Jefferson, T.A., M.A. Webber & R.L. Pitman. 2015. “Marine Mammals of the World: A Comprehensive Guide to Their Identifica-

tion” 2nd Edition. Elsevier and Academic Press.
［2］ 服部薫編．2020.『日本の鰭脚類――海に生きるアシカとアザラシ』東京大学出版会.

水口博也（みなくら ひろや）

1953 年、大阪生まれ。1978 年、京都大学理学部動物学科を卒業後、出版社にて自然科学系の書籍、雑誌の編集に従事。1984 年に独立し、写真家、作家として世界各地で海生哺乳類を中心に調査、撮影し、生態のレポートを行う。研究者との交流も多い。この十数年は、野生動物への影響を考慮しながら撮影を続けると同時に、地球環境の変化を追い極地への取材も多く行う。近年は、自身の活動が環境に与える影響も視野に、身のまわりの自然に視点を移している。

主な著書に、『オルカ――海の王シャチと風の物語』（早川書房）、『オルカ　アゲイン』（風樹社、講談社出版文化賞写真集賞受賞）、『マッコウの歌――しろいおおきなともだち』（小学館、日本絵本大賞受賞）、『世界で一番美しい　ペンギン図鑑』『世界で一番美しい　シャチ図鑑』『世界で一番美しい　クラゲ図鑑』（誠文堂新光社）、『黄昏』『世界で一番美しい　アシカ・アザラシ図鑑』（創元社）、『南極ダイアリー』『クジラの進化』（講談社）ほか多数。

世界アシカ・アザラシ観察記

動物写真家が追う鰭脚類《ききゃくるい》の生態

発行日……………2023 年 4 月 5 日　初版

［検印廃止］

著者………………水口博也

デザイン…………遠藤 勁

発行所……………一般財団法人 東京大学出版会

代表者 吉見俊哉

153-0041　東京都目黒区駒場 4-5-29

電話 03-6407-1069　振替 00160-6-59964

印刷所……………株式会社 精興社

製本所……………誠製本 株式会社

ISBN 978-4-13-063957-6　Printed in Japan